Duden-Ratgeber



# Die Bewerbungsmappe

Anschreiben und Lebenslauf
schnell und zielgerichtet erstellen

Bearbeitet von
der Dudenredaktion

Dudenverlag
Mannheim · Zürich

Die Duden-Sprachberatung beantwortet Ihre Fragen
zu Rechtschreibung, Zeichensetzung, Grammatik u. Ä.
montags bis freitags zwischen 08:00 und 18:00 Uhr.

Aus Deutschland: 09001 870098 (1,86 € pro Minute aus dem Festnetz)
Aus Österreich: 0900 844144 (1,80 € pro Minute aus dem Festnetz)
Aus der Schweiz: 0900 383360 (3,13 CHF pro Minute aus dem Festnetz)
Die Tarife für Anrufe aus den Mobilfunknetzen können davon abweichen.
Den kostenlosen Newsletter der Duden-Sprachberatung können Sie
unter www.duden.de/newsletter abonnieren.

Bibliografische Information der Deutschen Nationalbibliothek
Die Deutsche Nationalbibliothek verzeichnet diese Publikation in der Deutschen Nationalbibliografie; detaillierte bibliografische Daten sind im Internet über http://dnb.d-nb.de abrufbar.


Bibliographisches Institut GmbH, Dudenstraße 6, 68167 Mannheim

Redaktionelle Leitung: Jürgen Hotz
Redaktion: Dr. Hildegard Hogen
Autoren: Hans-Georg Willmann, Judith Engst
Herstellung: Judith Diemer

Typografie: init · Büro für Gestaltung, Bielefeld
Umschlaggestaltung: Büroecco, Augsburg
Satz: fotosatz griesheim GmbH
Druck und Bindung: Beltz Bad Langensalza GmbH, Am Fliegerhorst 8,
99947 Bad Langensalza

ISBN 978-3-411-75391-8

Auch als E-Book erhältlich unter:
ISBN 978-3-411-90360-3

www.duden.de

## Benutzerhinweis

Lebens- und Arbeitssituationen verändern sich heute schneller als noch vor einigen Jahren. Somit hat die Anzahl möglicher Wechsel- und Übergangssituationen im Lauf einer modernen Berufsbiografie deutlich zugenommen – und damit auch die Notwendigkeit, sich um einen neuen Arbeitsplatz zu bewerben.

Beruflicher Einstieg nach Schule oder Studium, Wiedereinstieg nach Elternzeit oder Sabbatical, beruflicher Umstieg, Aufstieg oder Quereinstieg, Bewerbungen aus einem befristeten Arbeitsverhältnis oder aus der Arbeitslosigkeit heraus – es gibt zahlreiche ganz unterschiedliche Ausgangssituationen für Bewerbungen. Ein Faktor ist aber immer gleich: Die schriftliche Bewerbung – ob per Post oder E-Mail – ist aus jeder der genannten Situationen heraus die Eintrittskarte zu einem neuen Arbeitsplatz. So erfordert jede einzelne Ausgangssituation ganz eigene Überlegungen und spezifisch auf die individuelle Biografie zugeschnittene Formulierungen in Anschreiben und Lebenslauf.

Im Duden-Ratgeber »Die Bewerbungsmappe« finden Sie alle Informationen, die Sie benötigen, um Ihre Bewerbungsunterlagen in den häufigsten dieser Situationen nach den heute gültigen Standards aufzubauen, zu gestalten und mit einem passgenauen, aussagekräftigen Inhalt zu füllen. Dabei folgt das vorliegende Buch einem durchgängigen, in sich schlüssigen Prinzip:

- In einer ausführlichen Einleitung (»Die Grundlagen«) erfahren Sie zunächst, nach welchen Standards Sie Ihr Anschreiben und Ihren Lebenslauf erstellen und wie Sie die Nachweise für Ihre Bewerbungsmappe zusammenstellen können. Eine Übersicht am Ende dieser einführenden Seiten hilft Ihnen, klassische Fehler zu vermeiden.
- Textbausteine in eingeklinkten Kästen bieten Ihnen dabei beispielhafte Formulierungshilfen für Ihre Unterlagen und nützliche Tipps für Ihren »Bewerbungsmarathon«.
- Zahlreiche Mitmachmodule helfen Ihnen außerdem Schritt für Schritt, Ihre eigenen Überlegungen schriftlich festzuhalten und die Musterformulierungen an Ihre biografischen Besonderheiten anzupassen.
- Aus 22 Beispielen für Anschreiben und aus 10 Beispielen für Lebensläufe können Sie anschließend – jeweils passend zu Ihrer Bewerbungssituation – diejenigen als Muster auswählen, die Ihrer aktuellen beruflichen Situation entsprechen. Diese Anschreiben und Lebensläufe können Sie schnell und zielgerichtet über das Inhaltsverzeichnis und die Kolumnentitel ansteuern.
- Jeweils auf der rechten Seite neben diesen Mustervorlagen erfahren Sie durch präzise Erläuterungen, worauf Sie bei der Erstellung Ihrer eigenen Unterlagen achten sollten. Mitmachmodule unterstützen Sie auch auf diesen Seiten, Ihre Überlegungen schriftlich festzuhalten. So können Sie auch mit Lücken im Lebenslauf oder mit Abweichungen zum Stellenprofil souverän umgehen.
- Zudem finden Sie in dem vorliegenden Buch zahlreiche Tipps zu den Besonderheiten einer digitalen Bewerbung und zum Bewerbungsverhalten nach dem Absenden Ihrer Unterlagen.
- Die beiliegende CD-ROM enthält alle im Buch vorgestellten Mustervorlagen als Text- und PDF-Dateien. Sie erleichtert Ihnen dadurch den mühsamen Weg hin zu Ihren überzeugenden Bewerbungsunterlagen: Sie erspart Ihnen überflüssige Tipparbeit und unterstützt Sie bei der korrekten Gestaltung von Anschreiben und Lebenslauf.

Wir wünschen Ihnen viel Erfolg mit dem Duden-Ratgeber »Die Bewerbungsmappe«!

## Die Grundlagen

Sie haben sich entschieden, auf welche Stellenanzeige bzw. bei welchem Unternehmen Sie sich bewerben möchten? Dann geht es jetzt daran, eine möglichst ansprechende Bewerbungsmappe zu erstellen und diese auf dem vom Unternehmen gewünschten Weg digital bzw. per Post abzusenden.

Unterschätzen Sie nicht den optischen Eindruck, den Ihre Bewerbung macht. Damit Ihre Bewerbungsmappe nicht gleich bei der ersten Sichtung aussortiert wird, haben zunächst formale Kriterien Vorrang. Denn die Konkurrenz ist groß. Auf die meisten offenen Stellen bewerben sich nach wie vor 100 und mehr Menschen. In vielen Firmen, bei Personalberatern und Behörden ist es daher üblich, die eingehenden Bewerbungen erst einmal grob zu sichten. Für drei Viertel der Bewerbungen wendet der Personalentscheider zunächst nicht mehr als 30 Sekunden auf. Dabei prüft er zunächst, ob die Bewerbung formalen Kriterien gerecht wird. Wichtig sind:

- eine optisch ansprechende Aufbereitung (Umfang der Bewerbung, Mappe, Foto, Qualität der Ausdrucke und Kopien bzw. Scans bei einer digitalen Bewerbung mit PDF-Datei),
- Fehlerlosigkeit in Anschreiben und Lebenslauf
- Vollständigkeit und Reihenfolge der Zeugnisse und Zertifikate

Eine Bewerbung, die diesen Anforderungen nicht genügt, hat geringe Chancen. Im Umkehrschluss bedeutet das: Wenn Sie für eine ausgeschriebene Stelle qualifiziert sind, dann sollten Sie alles daransetzen, dass auch die Form Ihrer Bewerbungsmappe, die Ihre erste Arbeitsprobe darstellt, stimmt. Erst damit gehen Sie sicher, dass der Inhalt Ihrer Bewerbung überhaupt wahrgenommen wird. Verschaffen Sie sich zunächst einen Überblick über die zehn Schritte zu Ihrer Bewerbung.

**In 10 Schritten zur Bewerbungsmappe**

1. Wählen Sie den Bewerbungsweg: per Post, über E-Mail bzw. Onlineformular?
2. Wählen Sie alle wichtigen Unterlagen für Ihre Bewerbungsmappe aus.
3. Lassen Sie ein passendes Bewerbungsfoto beim Fotografen anfertigen.
4. Beachten Sie die Besonderheiten beim digitalen Bewerbungsweg.
5. Beachten Sie die Besonderheiten beim postalischen Bewerbungsweg.
6. Achten Sie auf die formalen Gestaltungskriterien für Anschreiben und Lebenslauf.
7. Wählen Sie einen passenden Aufbau für Ihr Anschreiben.
8. Formulieren Sie einen aussagekräftigen Inhalt in Ihrem Anschreiben.
9. Wählen Sie einen passenden Aufbau für Ihren Lebenslauf.
10. Formulieren Sie einen aussagekräftigen Inhalt in Ihrem Lebenslauf.

**Mein Zeitplan für die Erstellung meiner Bewerbungsmappe**

**Schritt 1: die Wahl des Bewerbungswegs**

Klären Sie vorab, auf welchem Bewerbungsweg Ihre Bewerbungsmappe gewünscht wird. Entweder können Sie den gewünschten Bewerbungsweg bereits der Stellenanzeige bzw. der Firmenwebsite entnehmen oder aber Sie rufen beim Unternehmen an, um danach zu fragen. Die heute gängigen Wege sind: die Onlineformularbewerbung, die E-Mail-Bewerbung und die Postbewerbung.

Viele Arbeitgeber erwarten mittlerweile eine digitale Bewerbung. Besonders große Unternehmen und international tätige Konzerne haben mittlerweile ein softwareunterstütztes Bewerbermanagement. Damit kann die große Anzahl an Bewerbungen automatisch, systematisch und somit zeit- und kostensparend verarbeitet werden. Bei vielen kleineren Unternehmen wird hingegen nach wie vor eine Postbewerbung gewünscht.
Halten Sie sich unbedingt an den vom Unternehmen gewünschten Bewerbungsweg. Andernfalls ist das Risiko zu groß, dass Ihre Bewerbung von vornherein aus dem Standardverarbeitungsprozess eingehender Bewerbungen herausfällt.
Sobald Sie sich entschieden haben, ob Sie sich digital oder postalisch bewerben, können Sie loslegen! Bevor Sie sich ans Schreiben Ihres Lebenslaufs und Ihres Bewerbungsanschreibens machen, können Sie schon einmal alles zusammentragen, was Sie später ohnehin brauchen werden.

**Auf welchem Weg werden Sie sich bewerben?**

______________________________

______________________________

______________________________

______________________________

______________________________

**Schritt 2: die Auswahl Ihrer Unterlagen**

Vollständigkeit ist ein Muss. Sonst landet Ihre Bewerbung kaum auf dem Stapel der A-Kandidaten, aus dem ausgewählt wird, wer zu einem Vorstellungsgespräch eingeladen wird. Zu umständlich ist es vielen Personal- oder Firmenchefs, fehlende Unterlagen nachzufordern. Zur vollständigen schriftlichen Bewerbung gehören (in dieser Reihenfolge):

- Anschreiben
- Deckblatt (nicht obligatorisch)
- Lebenslauf
- Foto auf dem Deckblatt bzw. der ersten Seite des Lebenslaufs (nicht obligatorisch)
- Nachweise in Form von Arbeitszeugnissen, Ausbildungs-/Studienzeugnissen, Schulzeugnissen, Weiterbildungszertifikaten, Arbeitsproben

Bei Nachweisen kann die Entscheidung schwerfallen, was wirklich in die Bewerbungsmappe gehört und was nicht. Eines ist klar: In eine Bewerbung per Post gehören nie die Originale, sondern immer nur Kopien! Bei Schulzeugnissen genügt das des höchsten allgemeinbildenden Abschlusses. Wenn Sie also mittlere Reife haben, dann legen Sie das Abschlusszeugnis der 10. Klasse bei. Haben Sie Abitur, dann weisen Sie Ihre Schulzeit mit dem Abiturzeugnis nach. Haben Sie Ihre Schulausbildung abgebrochen (z.B. nach der 11. Klasse), dann legen Sie das Zeugnis der mittleren Reife bei und zusätzlich noch das Zeugnis der 11. Klasse. Stehen sie vor Abschluss der mittleren Reife, dann legen Sie das Zeugnis des letzten Schuljahres und das letzte Zwischenzeugnis bei. Abschlusszeugnisse von nicht allgemeinbildenden Schulen (z.B. Handelsschulen) gehören ebenso zu einer vollständigen Bewerbung wie Ausbildungs- und Studiennachweise.
Besonders wichtig sind Ihre Arbeitszeugnisse. Legen Sie diese unbedingt lückenlos bei. Berufsanfänger sollten alle Weiterbildungszertifikate beilegen. Wer schon fünf bis sechs Jahre im Beruf ist, braucht nicht mehr jeden Nachweis. Hier gilt: Beschränken Sie sich auf die Nachweise der Weiterbildungen, die für die jeweilige Stelle wichtig sind.

**Welche Unterlagen legen Sie Ihrer Bewerbungsmappe bei?**

### Schritt 3: ein passendes Bewerbungsfoto

In Deutschland wird nach wie vor Wert auf ein Bewerbungsfoto gelegt, und der erste Blick des Personalentscheiders geht noch immer auf das Foto. Das wird sich im Zuge des Allgemeinen Gleichbehandlungsgesetzes (AGG) von 2006 in den nächsten Jahren eventuell ändern. Noch ist es aber nicht so weit. Wenn Sie sich dazu entscheiden, ein Bewerbungsfoto beizulegen, können Sie einiges beachten.

Ein Bild sagt mehr als 1000 Worte. Sie sollten deshalb darauf achten, dass Ihr Bewerbungsfoto Sie optimal darstellt. Beauftragen Sie daher einen guten Fotografen. Tragen Sie seriöse, geschäftsmäßige Kleidung und schauen Sie freundlich in die Kamera. Es sollte kein Ganzkörperfoto sein. In der Regel genügt es, wenn Ihr Kopf und eventuell Ihre Schulterpartie darauf zu sehen sind.
Für die Größe und das Format gibt es keine verbindliche Vorschrift, Passbilder der Größe 3 x 3,5 cm aber sind zu klein. Empfehlenswert ist eine Größe zwischen 4,5 x 6,5 cm und 9 x 13 cm. Größere Fotos erwecken den Eindruck, dass Sie vor allem mit Ihrem Aussehen punkten wollen. Es bleibt Ihnen überlassen, ob Sie Hoch- oder Querformat, ein Farb- oder ein Schwarz-Weiß-Bild bevorzugen.

**Verwenden Sie aber auf keinen Fall:**

- Automatenbilder
- Bilder, auf denen neben Ihnen noch andere Personen zu sehen sind
- private Fotos bzw. Urlaubsbilder
- Ganzkörperfotos
- Scans oder Dateien in schlechter Auflösung oder Farbqualität

Das Bewerbungsbild gehört auf das Deckblatt oder (rechts oben bzw. mittig) auf den Lebenslauf. Schreiben Sie Ihren Namen und Ihre Adresse auf die Rückseite des Fotos, dann kann der Empfänger es zuordnen, falls es abfallen sollte. Verwenden Sie für Ihre Papierbewerbung einen Klebe- oder Gummierstift oder einen Adhäsionskleber, mit dem sich das Foto später wieder problemlos von der Papierunterlage lösen lässt. Befestigen Sie das Foto auf keinen Fall mit einer Büroklammer,

sonst wird möglicherweise Ihr Gesicht verdeckt und das Bild verbogen. Ein gutes (und teures) Bewerbungsfoto können Sie mehrfach verwenden, solange es keine Gebrauchsspuren aufweist.
Als Dateiformat sollten Sie JPG verwenden, um das Bild in Ihre Textverarbeitungsdatei einfügen zu können.

### Schritt 4: Besonderheiten bei der digitalen Bewerbung

Wer glaubt, mit einer digitalen Bewerbung Zeit zu sparen, hat nur bedingt recht: Was die Laufzeit betrifft, braucht eine Bewerbung natürlich auf dem Postweg länger als auf elektronischem Weg. Was aber die Vorbereitung der Unterlagen angeht, müssen Sie das Anschreiben und den Lebenslauf für eine digitale Bewerbung genauso aussagekräftig formulieren und Ihre Nachweise ebenso sorgfältig und gründlich zusammenstellen wie für eine Papierbewerbungsmappe. Außerdem brauchen Sie die gesamten Dokumente und Ihr Foto in digitaler Form und Sie müssen Ihre Bewerbungsmappe als Datei aufbereiten, die Sie entweder per E-Mail versenden können oder auf eine Onlineplattform auf der Website eines Unternehmens hochladen können.

Für die Onlineformularbewerbung gilt: Die einzelnen Bewerbungsschritte werden in der Regel auf der Internetseite des Unternehmens erklärt. Onlineformularbewerbungen bieten Ihnen generell die Möglichkeit, aus vorgegebenen Begriffen die für Sie zutreffenden anzuklicken, Ihre Unterlagen als PDF-Datei anzuhängen und persönliche Aussagen in Freitextfeldern zu formulieren. Nehmen Sie sich unbedingt Zeit, gehen Sie sehr sorgfältig vor und halten Sie Ihren Lebenslauf, Ihr Bewerbungsfoto und Ihre Zeugnisse in digitaler Form bereit, bevor Sie online gehen.

Nutzen Sie bei dieser Form der Onlinebewerbung den Onlineassistenten und füllen Sie das Formular unbedingt vollständig aus. Alle Daten, die Sie eingeben, werden zu Ihrem Bewerberprofil und dieses wird mit den Anforderungsprofilen möglicher Stellen automatisch abgeglichen. Ihre Daten werden im elektronischen Bewerbungsstapel nur dann gefunden, wenn Sie Ihre zentralen Qualifikationen richtig beschreiben und benennen. Rechtschreibfehler, unzutreffend angeklickte Begriffe oder ein Datenanhang, der die angegebene maximale Datenmenge überschreitet, genügen, um durch das elektronische Raster zu fallen.

Für eine Bewerbung per E-Mail gilt: Versenden Sie Ihre digitale Bewerbungsmappe stets von einer seriösen Absenderadresse (z.B. vorname.nachname@web.de) und an eine persönliche Empfängeradresse im Unternehmen (z.B. vorname.nachname@musterfirma.com). E-Mail-Bewerbungen von dubios klingenden Absenderadressen wie z.B. megachecker@gmx.de oder pussy12@freenet.de landen leicht im Spamfilter oder durchdringen die Sicherheitseinstellungen der Firma nicht. Und E-Mails, die Sie an allgemeine Firmenadressen wie z.B. info@unternehmen.com senden, können sich schnell in der Flut eingehender E-Mails verlieren.

Geben Sie unbedingt einen Betreff für Ihre E-Mail an, denn viele E-Mails ohne Betreff werden nicht geöffnet, sondern gelöscht. Die Formulierung im Betreff kann sein: Bewerbung als Einkäufer oder, wenn in der Stellenanzeige eine Kennziffer angegeben ist: Bewerbung Kennziffer 1234/x.
Nutzen Sie das E-Mail-Textfeld für einen kurzen Verweis auf Ihre Bewerbungsunterlagen im Anhang der E-Mail.

> Sehr geehrter Herr Muster,
>
> anbei habe ich für Sie meine Bewerbungsunterlagen für die ausgeschriebene Stelle »Projekteinkäufer« zusammengestellt.
> Für weitere Fragen stehe ich Ihnen gerne zur Verfügung.
> Sie erreichen mich telefonisch unter der Telefonnummer 0123 456789 bzw. über diese E-Mail Adresse. Ich freue mich auf Ihre Antwort.
>
> Mit freundlichen Grüßen
>
> Michael Muster

Ihre Bewerbungsunterlagen im Anhang der E-Mail bestehen aus einer PDF-Datei, in der Sie Ihr Anschreiben, Ihren Lebenslauf (ggf. mit Foto) und alle Nachweise zusammengefasst haben. Versenden Sie auf keinen Fall einzelne Nachweise in Form einzelner PDF-Dateien. Ein Personalentscheider hat – bei oft mehr als 100 Bewerbungen auf eine Stelle – nicht die Zeit, bei einzelnen Bewerbungen mehrere PDF-Dateien zu öffnen.
Ihr Anhang sollte die Dateigröße von 2,0 Megabyte (MB) nicht wesentlich überschreiten. Lassen Sie im Zweifelsfall ältere, für die Stelle weniger relevante Weiterbildungsnachweise weg. Komprimieren Sie die Dateigröße Ihres digitalen Fotos und der digitalen Scans Ihrer Nachweise nur so weit, dass die optische Qualität der Dokumente erhalten bleibt. Der Empfänger muss Ihre Nachweise problemlos lesen können.
Fordern Sie keine Lesebestätigung des Empfängers an. Das ist unüblich und für den Personalentscheider unangenehm.

Sobald Sie Ihre Onlineformularbewerbung aktiviert bzw. Ihre E-Mail-Bewerbung abgeschickt haben, müssen Sie gefasst sein: Die Reaktion auf Ihre digitale Bewerbung kann sehr schnell kommen. Es kann gut sein, dass der Personalentscheider schon am gleichen oder nächsten Tag anruft und Sie zu einem Vorstellungsgespräch einlädt. Auf ein solches Telefonat sollten Sie vorbereitet sein. Möglich ist auch, dass er eine Vorauswahl am Telefon trifft. Das bedeutet, Sie sollten sich schon auf der betreffenden Homepage über den Arbeitgeber informiert haben.

**Meine Vorbereitungen für eine Bewerbung auf digitalem Weg**

**Schritt 5: Besonderheiten bei der Postbewerbung**
Wünschen Unternehmen ausdrücklich eine schriftliche Bewerbung auf dem Postweg, sollten Sie diesem Wunsch nachkommen. Achten Sie bei der Zusammenstellung der Unterlagen auf die Qualität der Materialien. Diese sind:

- Größe, Farbe und Stabilität des Briefumschlags
- Art der Bewerbungsmappe
- Qualität des Papiers
- Sauberkeit der Ausdrucke und Kopien
- Qualität des Originalfotos auf Fotopapier

Verwenden Sie einen ausreichend großen, weißen, kartonierten Briefumschlag, damit Ihre innen liegende Bewerbungsmappe nicht knickt.
Bei der Wahl der Bewerbungsmappe gilt: Nehmen Sie eine qualitativ hochwertige Mappe, in der Sie Ihr Anschreiben, Ihren Lebenslauf mit Foto und Ihre Nachweise übersichtlich sortiert zusammenstellen können.
Achten Sie darauf, dass Ihre Ausdrucke und die Kopien Ihrer Nachweise auf gleicher Papierqualität beiliegen.
Die Ausdrucke selbst müssen einwandfrei sauber, die Kopien gerade und gut lesbar sein.
Bei einer Papierbewerbung ist es üblich, ein Originalfoto zu verwenden.

Ihre Bewerbungsmappe ist Ihre erste Arbeitsprobe. Deshalb ist es so entscheidend, dass Sie die formalen Kriterien im Detail beachten.

**Meine Vorbereitungen für eine Bewerbung auf dem Postweg**

### Schritt 6: die formale Gestaltung des Anschreibens und des Lebenslaufs

Bevor Sie sich überlegen, wie Sie Ihr Anschreiben und den Lebenslauf strukturiert aufbauen und mit Inhalt füllen, sollten Sie die formalen Gestaltungselemente dieser Unterlagen kennen. Das sind:

- Schriftart und Schriftgröße
- Seitenrandeinstellung
- Datumsangabe
- Unterschrift

**Wahl der Schriftart:** Grundsätzlich haben Sie die freie Wahl zwischen den Schriftarten; nur Schmuck- oder Schreibschriften sind für Bewerbungen tabu. Wählen Sie eine in der Geschäftskorrespondenz gängige Schriftart, zum Beispiel: Times New Roman (12 Punkt), Helvetica oder Arial (11 Punkt). Beachten Sie: Mappenbewerbung und elektronische Bewerbung erfordern unterschiedliche Schriften! Für die Mappenbewerbung sind vor allem Serifenschriften geeignet (Serifen sind die kleinen »Füßchen« an den Buchstaben. Sie erleichtern dem Auge, die Zeile zu halten.) Am Bildschirm jedoch sind Serifenschriften mitunter schlecht zu lesen, weil die zarten Linien der Serifen »verfransen«. Wählen Sie für die Mappenbewerbung also zum Beispiel Times New Roman und für die elektronische Bewerbung Helvetica oder Arial. Denkbar sind aber auch ganz neue Schriften wie etwa Scala (die lesen Sie gerade) oder Myriad, die einen optimalen Kompromiss darstellen: Sie sind sowohl auf Papier als auch am Bildschirm gut lesbar. Vermeiden Sie alles, was schrill oder effekthascherisch wirken könnte. Bleiben Sie eher bei einer klassischen Anmutung, bei der die Form nicht über den Inhalt dominiert.

**Wahl der Schriftgröße:** Was die Schriftgröße angeht, so hilft es nicht, zu reduzieren, bis endlich alles auf die Seite passt: Mit kleinen Schriftgraden laufen Sie Gefahr, Ihre potenziellen Leser abzuschrecken. Bleiben Sie bei einer Größe, die auf einer ganzen Zeile nicht (wesentlich) mehr als 70 Anschläge unterbringt. Alles andere ist schlecht zu lesen.

**Die Seitenrandeinstellung:** Stellen Sie den linken Seitenrand auf 25 mm ein, den rechten auf 20 mm. Üblich ist beim Anschreiben der linksbündige Flattersatz – und kein Blocksatz.

**Die Datumsangabe:** Für die Schreibweise des Datums gibt es mehrere Möglichkeiten:

- 05.01.2012 (ohne Leerzeichen, Tages- oder Monatsangabe immer zweistellig)
- 05.01.12
- Frankfurt am Main, 05.01.2012
- Frankfurt am Main, 05.01.12
- 5. Januar 2012 (laut DIN wird diese Schreibweise nur im Fließtext empfohlen)
- 5. Januar 12 (laut DIN ebenfalls nur im Fließtext empfohlen)
- Frankfurt am Main, 5. Januar 2012 (laut DIN ebenfalls nur im Fließtext empfohlen)
- Frankfurt am Main, 5. Januar 12 (laut DIN ebenfalls nur im Fließtext empfohlen)
- 2012-01-05 (internationale Schreibweise, im deutschsprachigen Raum missverständlich)

Sie können die Ortsangabe voranstellen. Das Wort »den« ist heute beim Briefdatum nicht mehr üblich. Entscheiden Sie sich für die alphanumerische Schreibweise, können Sie lange Monatsnamen abkürzen, z.B. 10. Dez. 2009. Üblich, aber keine Pflicht, ist die rechtsbündige Schreibweise.

**Die Unterschrift:** Unterschreiben Sie in jedem Fall von Hand, am besten mit blauer Tinte. Eine eingescannte und ausgedruckte Unterschrift kann einen schlechten Eindruck erwecken, denn meist sieht man an der schlechten Auflösung, an der falschen Farbe oder an der fehlenden Kratzspur auf dem Papier, dass es sich nicht um eine echte Unterschrift handelt. Es ist nicht unbedingt nötig, Ihren Namen noch einmal in gedruckter Form unter Ihrem handschriftlichen Namenszug zu wiederholen. Schließlich geht Ihr Name schon eindeutig aus der Absenderangabe hervor. Bei einer digitalen Bewerbung können Sie eine eingescannte Unterschrift verwenden. Das ist in Zeiten der Internetkriminalität jedoch nicht mehr Pflicht. Ihr Name in getippter Form reicht aus.

## Die Grundlagen

Das Anschreiben ist der Türöffner jeder Bewerbungsmappe. Mit einem gut strukturierten und präzise formulierten Anschreiben lenken Sie die Aufmerksamkeit und das Interesse des Personalentscheiders auf Ihren Lebenslauf und auf Ihre Zeugnisse und Zertifikate.
In dem Begriff »Bewerbung« steckt das Wort »Werben«. Tatsächlich hat das Anschreiben einer Bewerbung viel mit einem Werbebrief gemeinsam. Was den Aufbau und die Inhalte angeht, gelten fast die gleichen Regeln – auch wenn es bei einer Bewerbung weniger auf Kreativität und Auffälligkeit ankommt als im Werbebrief.
Wichtig ist, dass Sie Ihre Qualifikationen und Ihre Stärken klar darstellen. Bescheidenheit ist bei einer Bewerbung nicht angebracht. Sie müssen den Empfänger auf das aufmerksam machen, was Sie zu bieten haben. Das ist kein Aufruf zum Angeben, sondern ein Plädoyer dafür, dass Sie sich Ihre Stärken bewusst machen und den Fokus Ihrer Bewerbung darauf richten – und nicht auf Ihre Schwächen.
Nur wer sich seiner Fähigkeiten, Vorlieben und Stärken bewusst ist, kann einen potenziellen Arbeitgeber von sich überzeugen. Ein Personalentscheider muss die richtige Bewerbung auswählen – oftmals aus einem ganzen Stapel. Deshalb ist es wichtig, dass Sie sich in seine Lage versetzen. Stellen Sie sich zur Orientierung folgende Fragen:

- Wie sieht das Anforderungsprofil der Stelle aus?
- Was (davon) kann ich und was (davon) mache ich gerne?

Fragen Sie auch andere nach deren Einschätzung, um Ihr Selbstbild zu prüfen und gegebenenfalls zu korrigieren. Das hat noch einen weiteren Vorteil: Auf diese Weise entgeht Ihnen keine Ihrer Fähigkeiten, nur weil Sie sie für selbstverständlich und nicht erwähnenswert halten. Erst wenn Sie Ihre Stärken klar benennen können und diese im Wesentlichen zu der Stelle passen, die Sie anstreben, lohnt sich eine Bewerbung.



### Wie sieht das Anforderungsprofil der Stelle aus?

**1** Fachlich

**2** Methodisch

**3** Persönlich

Ein Werbebrief ist nur dann gelungen, wenn er die Vorzüge eines Produkts aus der Sicht des Kunden beschreibt. Ähnliches gilt für das Anschreiben einer Bewerbung: Sie bieten Ihre Qualifikationen auf einem Markt, nämlich dem Arbeitsmarkt, an. Ihr »Kunde« ist derjenige, der Ihre Bewerbung liest und eine Personalentscheidung treffen muss. Wenn Sie Ihre Vorzüge aus seiner Sicht beschreiben, haben Sie eine größere Chance. Eine kleine Hilfe, wie Sie sich in die Sicht des potenziellen Arbeitgebers hineinversetzen, gibt Ihnen die folgende Übersicht.

| Beschreiben Sie Ihre Vorzüge aus Arbeitgebersicht |
|---|
| **So nicht: Sichtweise des Bewerbers** |
| Ihr Stellenangebot beschreibt meinen Traumberuf. |
| Ich interessiere mich für Ihre Stelle. |
| Hiermit bewerbe ich mich auf Ihr Stellenangebot vom ... in der Frankfurter Allgemeinen Zeitung. |
| **Sondern so: Arbeitgebersicht** |
| Meine Qualifikationen passen zu der ausgeschriebenen Stelle. |
| Sie suchen ... – ich biete ... |
| Sie legen größten Wert auf Vertriebsstärke, schreiben Sie in Ihrem Stellenangebot in der FAZ vom ... Dann bin ich womöglich die richtige Frau für Sie. |

Ihre Unterlagen sprechen nicht für sich. Sie selbst müssen im Anschreiben formulieren, warum Sie der geeignete Kandidat für die angestrebte Stelle sind. Dabei brauchen Sie nicht in allen Einzelheiten auf einzelne Stationen in Ihrem Leben einzugehen – dafür nutzen Sie lieber den Lebenslauf. Ihr Anschreiben sollte jedoch die folgenden Fragen unbedingt beantworten:

- Was haben Sie dem Arbeitgeber im Hinblick auf die ausgeschriebene Stelle zu bieten?
- Welchen Vorteil hat er davon, dass er Sie einstellt?

**Welche Stärken haben Sie für die ausgeschriebene Stelle zu bieten?**

1. Fachlich

______________________________
______________________________
______________________________
______________________________
______________________________
______________________________

2. Methodisch

______________________________
______________________________
______________________________
______________________________
______________________________
______________________________

3. Persönlich

______________________________
______________________________
______________________________
______________________________
______________________________
______________________________

**Schritt 7: der Aufbau des Anschreibens**
Der Aufbau eines Anschreibens ist standardisiert, das heißt, jedes Anschreiben besteht aus neun Elementen: der Absenderadresse, der Empfängeranschrift, dem Datum, der Betreffzeile, der Anrede, dem Fließtext, der Grußformel, der Unterschrift und dem Anlagenvermerk.

**Die Absenderadresse:** Zuoberst auf dem Briefkopf geben Sie Ihren Namen und Ihre Adresse an. Wählen Sie die Position so, dass der untere Rand der Absenderangaben maximal 3,8 cm vom oberen Blattrand entfernt ist – sonst bekommen Sie bei Fensterumschlägen Platzprobleme.
Normalerweise steht die Absenderanschrift links oben. Als Gestaltungsmittel und bei Platznot kann es hilfreich sein,

- sie nicht bündig am linken, sondern am rechten Rand zu positionieren,
- sie zu zentrieren und auf ein bis zwei Zeilen zu verteilen,
- sie in einer Kopfzeile unterzubringen (auch auf Deckblatt und Lebenslauf – das wirkt sehr professionell).

Soll die Absenderangabe im Fensterumschlag sichtbar sein, so platzieren Sie sie ein bis zwei Zeilen über der Empfängeranschrift in Schriftgröße 7 oder 8 Punkt.
Bei der Absenderangabe ist es – wie auch bei der Anschrift – nicht üblich, vor der Zeile mit Postleitzahl und Ort eine Leerzeile einzufügen.
Denken Sie auch daran, den Namen Ihrer Straße in korrekter Rechtschreibung anzugeben: Getrennt schreibt man Straßennahmen, die mit -er aus Orts- und Ländernamen abgeleitet wurden, zum Beispiel: Frankfurter Straße. Mit Bindestrich schreibt man Straßennamen, die aus mehreren Bestandteilen zusammengesetzt sind, zum Beispiel Eigennamen: Käthe-Kollwitz-Straße.

Geben Sie auf jeden Fall Ihre Telefonnummer und wenn möglich auch Ihre E-Mail-Adresse an. Es kann gut sein, dass die Einladung zum Vorstellungsgespräch nicht klassisch mit einem Brief kommt, sondern per Anruf oder E-Mail.
Apropos E-Mail: Ihre E-Mail-Adresse muss vorzeigbar sein. Das bedeutet: Nutzen Sie weder die E-Mail-Adresse Ihres derzeitigen Arbeitgebers noch eine E-Mail-Adresse, die offenkundig nur für Freunde ist, zum Beispiel mit Spitz- oder Kosename (etwa »mucki@webnet.de«) oder ohne Ihren Nachnamen. Das wirkt denkbar unprofessionell.
Geeignet dagegen ist eine Adresse, in der Vor- und Nachname oder der Nachname allein vorkommen (z.B. »Peter.Meisner@webnet.de« oder »Meisner@webnet.de«).

Die Telefonnummer gliedern Sie zweckmäßigerweise, wie es die neueste DIN 5008 vorgibt: mit einem Leerzeichen zwischen Ländervorwahl, Vorwahl und Hauptrufnummer. Die Durchwahl wird mit einem Bindestrich angefügt. Beispiele:

- +49 228 123456 (internationale Schreibweise mit Ländervorwahl für Deutschland)
- 0228 123456 (Rufnummer im Festnetz)
- 0172 123456 (Mobilfunknummer)
- 0228 1234-56 (Durchwahlanschluss)

**Meine Absenderadresse**

**Meine Telefonnummer**

**Die Empfängeranschrift:** Nach DIN-Norm steht die erste Anschriftenzeile 50,8 mm unterhalb der oberen Blattkante (das entspricht Zeile 13) oder in der platzsparenderen Variante 33,9 mm unterhalb der oberen Blattkante (das entspricht Zeile 9). In der Praxis probieren Sie lieber selbst aus, wo die Empfängeradresse hinrutscht, wenn Sie das Anschreiben mitsamt der dicken Bewerbungsmappe in einen Fensterumschlag stecken. Entsprechend fügen Sie über der Adresse mehr oder weniger Leerzeilen ein, oder Sie verschieben das ganze Textfeld mit der Adressangabe.

Zur korrekten Schreibung der Straßennahmen beachten Sie die Hinweise bei der Absenderadresse. Im Zweifel allerdings halten Sie sich an die Schreibung aus der Stellenanzeige und/oder Website des Arbeitgebers. Eine Abweichung könnte Ihnen als Besserwisserei, aber auch als – vermeintlicher – Fehler ausgelegt werden.
Zum Aufbau der Adresse: Das »An« ist nicht mehr üblich, bei Behörden (z.B. »An das Bürgermeisteramt …«) aber erlaubt. Richten Sie Ihre Bewerbung an eine bestimmte Person, dann kommt deren Name nach der Firma, Behörde oder Organisation, bei der Sie sich bewerben.
Die Abkürzung »z.H.« oder »z.Hd.« für »zu Händen« entfällt (und die ausgeschriebene Formulierung erst recht). Dennoch bleibt es beim Akkusativ: Es heißt also »Herrn« statt »Herr« (Ausnahme: bei Briefen in die Schweiz). Eine Leerzeile vor dem Ort ist heute nach DIN nicht mehr vorgesehen.

**Beispiele Empfängeranschriften**

Markegroth GmbH
Herrn Reiner Lenz
Am Elbufer 12
01236 Dresden

Stadtverwaltung Celle
Personalreferat
Kirchweg 11
29227 Celle

**Empfängeranschrift für meine Bewerbung**

**Das Datum:** Die unterschiedlichen Schreibweisen für die Datumsangabe haben Sie bereits kennengelernt. Beachten Sie dazu die Hinweise unter Schritt 6: die formale Gestaltung des Anschreibens und des Lebenslaufs.

**Meine Datumsangabe**

**Die Betreffzeile:** Eine Betreffzeile darf im Anschreiben einer Bewerbung nicht fehlen. Sie steht unter dem Datum nach zwei Leerzeilen, und zwar ohne das Wort »Betreff«, aber fett oder kursiv hervorgehoben. Der Betreff darf sich ruhig über zwei Zeilen erstrecken. Am Ende steht kein Punkt.
Im Betreff sollte stehen, auf welche Stelle Sie sich bewerben oder – falls Sie sich auf keine Stellenanzeige berufen – dass es sich um eine Initiativbewerbung handelt. Haben Sie vorher mit dem Personalverantwortlichen telefoniert, dann können Sie schon in der Betreffzeile, spätestens aber im Fließtext des Anschreibens, darauf Bezug nehmen. Bei einer E-Mail-Bewerbung brauchen Sie überdies auch eine Formulierung für deren Betreffzeile (Subject). Konzentrieren Sie sich dabei auf das Wichtigste: Nicht wann und wo die Anzeige geschaltet wurde, ist im Betreff der E-Mail wichtig, sondern auf welche Stelle Sie sich bewerben. Klären Sie für sich, ob Sie die gleiche Formulierung verwenden wie im Anschreiben oder lieber eine andere. Beides steht Ihnen frei; entscheiden Sie sich so, dass die Bedürfnisse des Empfängers im Vordergrund stehen.

**Beispiele für die Betreffzeile**

- Bewerbung als Assistenzarzt im Praktikum, Ihre Stellenanzeige vom 16.10.2012 in der ZEIT
- Initiativbewerbung als Grafikerin
- Bewerbung als Arzt im Bereich Kinderheilkunde
- Initiativbewerbung in Anlehnung an Ihr Stellenangebot vom 16.10.2012

**Meine Betreffzeile**

**Die Anrede:** Ist in der Stellenanzeige der Ansprechpartner genannt, an den Sie die Bewerbung schicken sollen? Dann schreiben Sie nicht »Sehr geehrte Damen und Herren«! Verwenden Sie auf jeden Fall die persönliche Anrede, zum Beispiel »Sehr geehrte Frau Jugenstein«. Gleiches gilt, wenn der Personalverantwortliche zwar in der Anzeige nicht aufgeführt ist, aber zum Beispiel auf der Firmenhomepage leicht herauszufinden ist. Von entscheidender Bedeutung ist der Name des richtigen Ansprechpartners bei Initiativbewerbungen.
Gerade bei Namen sind Fehler verheerend. Ist der Empfängername falsch geschrieben, wird die Bewerbung fast immer sofort aussortiert. Übertragen Sie Namen, die in der Stellenanzeige oder auf der Firmenhomepage auftauchen, sorgfältig. Das gilt nicht nur für den Namen der Firma oder Organisation, bei der Sie sich bewerben, sondern auch und gerade für den Ansprechpartner, an den Sie Ihre Bewerbung schicken. Bei größeren Firmen oder Organisationen können Sie versuchen, den Namen des zuständigen Personalverantwortlichen durch ein kurzes Telefonat mit der Zentrale oder Rezeption herauszufinden.

**Tipp** Namensrecherche am Telefon

Lassen Sie sich am Telefon den Namen buchstabieren. Fragen Sie nicht: »Habe ich Sie richtig verstanden – Völkelt wie V-Ö-L-K-E-L-T?«, sondern: »Wie buchstabiert man den Namen genau?« Nur wenn Sie den Namen nicht über die Stellenanzeige oder die Website des Arbeitgebers herausfinden und nicht per Telefon danach recherchieren wollen, bleiben Sie bei der allgemeinen Anrede:
Sehr geehrte Damen und Herren
Sehr geehrte Damen, sehr geehrte Herren

**Meine Anredeformulierung**

**Der Fließtext:** Der eigentliche Fließtext Ihres Anschreibens ist der Kern der Bewerbung. Wie Sie zu den passenden Formulierungen kommen, erfahren Sie in einem eigenen Abschnitt (Schritt 8: der Inhalt des Anschreibens). Hier nur einige Hinweise zur Gestaltung.

Für den Fließtext ist Leserlichkeit die oberste Maxime. Ein Absatz ist im Idealfall höchstens sieben Zeilen lang; die absolute Schmerzgrenze liegt bei neun Zeilen. Trennen Sie die einzelnen Absätze mithilfe von (halben) Leerzeilen.

Fünf bis sechs Absätze hat Ihr Anschreiben idealerweise. Dann ist es leserfreundlich und übersichtlich. Achten Sie aber darauf, dass Ihr Anschreiben auf eine Seite passt. Damit zeigen Sie, dass Sie Wichtiges von Unwichtigem unterscheiden können und dazu fähig sind, sich auf das Wesentliche zu beschränken.

Wer es nicht schafft, seine Eignung für die Stelle auf einer Seite auf den Punkt zu bringen, dem wird leicht unterstellt, das Wichtige nicht vom Unwichtigen unterscheiden zu können. Doch wie schafft man es, das Anschreiben kurz und knapp zu halten? Dazu einige Tipps:

- Vermeiden Sie weitschweifige Formulierungen und Bürokratensprache.
- Lassen Sie Details aus Ihrem (Berufsleben) im Anschreiben weg (sie gehören in den Lebenslauf).
- Stellen Sie Ihre derzeitige Tätigkeit nicht zu ausführlich dar.

**Die Grußformel:** Nach dem Fließtext kommt eine Leerzeile, dann folgt die Grußformel. Sie lautet standardmäßig »Mit freundlichen Grüßen«. Sie können aber nach Belieben variieren, zum Beispiel:

- Freundliche Grüße
- Beste Grüße
- Mit freundlichen Grüßen aus Wetzlar
- Freundliche Grüße nach Bremen
- Mit freundlichem Gruß

Wichtig: Nach der Grußformel steht kein Komma!

### Meine Grußformel

**Die Unterschrift:** Zur korrekten Handhabung Ihrer Unterschrift beachten Sie bitte die Hinweise unter Schritt 6: die formale Gestaltung des Anschreibens und des Lebenslaufs.

### Meine Unterschrift

**Der Anlagenvermerk:** Die DIN-Vorschrift empfiehlt, den Vermerk »Anlagen« linksbündig mit mindestens drei Leerzeilen Abstand zur Grußformel in das Schreiben aufzunehmen. Wenn Sie sich nicht gerade auf eine Sekretärinnenstelle bewerben, dann können Sie den Anlagenvermerk weglassen. Denn Sie verweisen schon im Text darauf, dass es sich bei Ihrem Schreiben um eine Bewerbung handelt.

## Die Bausteine des Fließtextes im Anschreiben

ABC AG
Personalabteilung
ABC-Straße
00000 Stadt

Datum

Sehr geehrter Herr Walter,

Briefbaustein A = Bezug zum Stellenangebot

im „Neuen Westfälischen Boten“ wurde ich auf Ihre Stellenanzeige aufmerksam. Sie beschreiben darin eine Tätigkeit, die meinen Fähigkeiten genau entspricht.

Briefbaustein B = Interesse wecken

Die Elektrogeräte aus Ihrem Haus haben in der Branche und bei Fachhändlern einen exzellenten Ruf. Auch ich habe schon seit Jahren einen ABC-Rasierer und bin selbst restlos von der Qualität überzeugt.

Briefbaustein C = Vorstellung der eigenen Person

Aber nicht allein, weil ich Ihre Produkte schätze, bewerbe ich mich bei Ihnen – ich bringe auch die nötigen Kenntnisse und Fertigkeiten mit: Ich bin Industriemechaniker mit Meisterprüfung und 43 Jahre alt.

Briefbaustein D = Fähigkeiten und Eignung

Schon seit Jahren liegt mein Schwerpunkt auf der Einrichtung und Wartung von Maschinen. Zuletzt war ich stellvertretender Produktionsleiter bei der XYZ AG, einem mittelständischen Spezialisten für Elektronikbausteine. Meine Kenntnisse umfassen nicht nur die Instandsetzung herkömmlicher Maschinen, sondern auch EDV-gesteuerter Fertigungssysteme. Ihrer Stellenanzeige entnehme ich, dass Sie jemanden suchen, der sowohl etwas von der Programmierung als auch von der Behebung mechanischer Probleme versteht. Auf beiden Gebieten bin ich gleichermaßen zu Hause.

Briefbaustein E = Organisatorisches

Mein Gehaltswunsch liegt bei … € pro Jahr. Ich kann sofort bei Ihnen anfangen.

Briefbaustein F = Aufforderung zum Handeln

Habe ich Ihr Interesse geweckt? Dann freue ich mich, wenn Sie mich schon bald zum Gespräch einladen.

Mit freundlichen Grüßen

Unterschrift

### Schritt 8: der Inhalt des Anschreibens

Selbstverständlich wird der Fließtext eines Bewerbungsanschreibens nicht aus Steinen gebaut wie ein Haus. Aber ein gelungenes Anschreiben enthält verschiedene inhaltliche Bestandteile, die unverzichtbar sind: einen Bezug zum Stellenangebot bzw. bei Initiativbewerbungen: eine Erklärung, warum Sie sich bewerben, einen Interesse weckenden Passus, eine prägnante Vorstellung der eigenen Person sowie in aller Regel einen kleinen organisatorischen Anhang. Wer sich darüber im Klaren ist, der kann seine Inhalte besser strukturieren.

Mithilfe der im Folgenden zusammengestellten Textbausteine können Sie Ihr Anschreiben nach und nach aufbauen. Schreiben Sie die Textbausteine aber nicht einfach ab, sondern prüfen Sie in jedem Einzelfall, ob die Formulierung wirklich Ihren Stil trifft. Wo das nicht wirklich zutrifft, formulieren Sie individuell nur für Sie selbst. Dabei können Sie sich aber durchaus von den Standardsätzen inspirieren lassen. So verlieren Sie im Idealfall die berühmte Scheu vor dem leeren Blatt und kommen nach und nach zu einem persönlichen und lebendigen Anschreiben. Am besten formulieren Sie mehrere Variationen und wählen dann diejenige aus, die Sie für die beste halten. Für einen guten Klang kann es nötig werden, Füllwörter einzufügen, für die inhaltliche Verknüpfung sollten Sie passende Überleitungen formulieren. Lesen Sie sich Ihr Anschreiben einmal laut vor. Wie hört es sich an? Gut?

#### Briefbaustein A = Bezug zum Stellenangebot

Die Information, woher Sie von der Stelle wissen, bildet den Anfang des Anschreibens. Darauf gehen Sie allerdings nicht ausführlich ein, sondern nur in aller Kürze. Falls diese Information schon im Betreff auftaucht, brauchen Sie sie im Fließtext nicht unbedingt noch einmal aufzugreifen. Haben Sie im Vorfeld ein Telefongespräch mit dem Adressaten geführt? Dann danken Sie für das informative Gespräch. Die Einleitung Ihres Schreibens enthält also folgende Informationen:

- wie Sie von der Stelle erfahren haben (bei Initiativbewerbungen: was Sie bewogen hat, sich beim betreffenden Arbeitgeber zu bewerben)
- (ggf.) Dank für das vorangegangene Telefongespräch

**Musterformulierungen für Baustein A**

- Vielen Dank für das informative Telefongespräch und Ihr Interesse an meinen Bewerbungsunterlagen.
- Mit Interesse habe ich Ihr Stellenangebot in der FAZ vom 13.10.2012 gelesen. Hiermit bewerbe ich mich darauf.
- Hiermit möchte ich mich als ... in Ihrem Hause bewerben.
- Sie suchen eine/n ... Da ich die nötigen Kenntnisse mitbringe, erhalten Sie hiermit meine Bewerbung.

**Meine Formulierungsentwürfe für Baustein A**

1 ______

2 ______

3 ______

Briefbaustein B = Interesse wecken

Es gehört mit zur Einleitung, gleich Interesse zu wecken. Das tun Sie nicht, indem Sie sofort von sich selbst reden – jedenfalls nicht nur. Besser und zweckmäßiger ist es, wenn Sie Anknüpfungspunkte aufführen. Sagen Sie,

- warum die Stelle Ihnen interessant erscheint und
- was Sie an dem betreffenden Unternehmen besonders reizt.

Zum letzten Punkt: Haben Sie keine Scheu, die Firma zu loben, bei der Sie sich bewerben. Im Gegenteil: Das zeigt, dass Sie gut informiert sind und wirklich Interesse haben. Je konkreter Ihr Lob, desto besser (z.B. *Ich finde Ihre Produkte gut, Ich habe schon viel Lob über Ihre unternehmensinterne Ausbildung gehört*). Zur Not weichen Sie auf die Branche, das Geschäftsfeld oder den Bereich aus, in der bzw. dem der potenzielle Arbeitgeber tätig ist (z.B. *Entwicklungshilfe professionell zu organisieren, darin sind Sie und Ihre Partnerorganisationen Spezialisten. Genau in diesem Bereich möchte ich Sie unterstützen.*).

**Musterformulierungen für Baustein B**

- Die ausgeschriebene Stelle interessiert mich sehr.
- Die Stelle, die Sie ausgeschrieben haben, reizt mich ungemein. Ich denke, dass Sie von meinen Kenntnissen profitieren können.
- Ich habe großes Interesse, bei Ihnen zu arbeiten.
- Über Ihre Firma habe ich schon viel Gutes gehört. Deshalb habe ich Interesse an einer Stellung in Ihrem Unternehmen.
- Ihre ausgeschriebene Stelle hat mich sehr angesprochen.
- Die ausgeschriebene Stelle trifft genau meine Interessen und Fähigkeiten.

**Meine Formulierungsentwürfe für Baustein B**

1

2

3

Briefbaustein C = Vorstellung der eigenen Person
Jetzt müssen Sie sich selbst vorstellen. Hierzu gehören:

- Alter
- Ausbildung
- Abschluss
- derzeitige Tätigkeit

**Musterformulierungen für Baustein C**

- Ich stehe kurz vor Abschluss der Lehre als ...
- Im Sommer bin ich mit der Lehre als ... fertig – und für neue Herausforderungen bereit.
- Ich habe ... und ... studiert.
- Ich habe den M. A. in den Fächern ... und ... (Stehen Sie zu Ihrem Titel!)
- Ich bin Diplom-...
- Ich bin 28 Jahre alt und habe im Bereich ... gearbeitet.
- Ich bin 51 Jahre alt und von Hause aus Diplom-...
- Aktuell arbeite ich als ... bei ..., suche jedoch eine neue Herausforderung.

**Meine Formulierungsentwürfe für Baustein C**

1

2

3

**Briefbaustein D = Fähigkeiten und Eignung**

Manchmal liegen Baustein C und D eng beieinander. Ein Industriemechaniker, der sich als Leiter im Bereich Maschinenwartung bewirbt – das passt zusammen. Anders sieht es aus, wenn Ihre ursprüngliche Ausbildung oder Ihr Universitätsabschluss nicht zu der Stelle passt, auf die Sie sich bewerben. Als fachfremder Bewerber müssen Sie mit Ihren Fähigkeiten und Kenntnissen – und wenn möglich auch mit Ihrer Erfahrung – überzeugen:

- Warum halten Sie sich für geeignet?
- Welche Qualifikationen belegen Ihre Eignung?
- Welche Vorteile sprechen sonst noch für Sie?

**Musterformulierungen für Baustein D**

- Seit fünf Jahren bin ich als ... tätig.
- Zurzeit arbeite ich als ... in der ...-Abteilung der Firma ...
- Die Stationen meiner Ausbildung waren vielfältig.
- Im Bereich ... habe ich fünfjährige Erfahrung.
- ... und ... – das kann ich. Denn auf meiner derzeitigen Stelle als ... kümmere ich mich tagtäglich um diese Dinge.
- Produktion, Organisation, Vertrieb – all das habe ich in meiner Ausbildung kennengelernt.

**Meine Formulierungsentwürfe für Baustein D**

1

2

3

Briefbaustein E = Organisatorisches

Unterschätzen Sie die Wichtigkeit organisatorischer Angaben nicht. Gegen Ende des Briefs müssen Sie darauf eingehen. Achten Sie auf alles, was in der Stellenanzeige gefordert ist. Das sind zum Beispiel:

- Gehaltswunsch
- frühestmöglicher Eintrittstermin
- Umzugsbereitschaft

Wird Ihr Gehaltswunsch in der Stellenanzeige verlangt, dann müssen Sie sich dazu äußern. Üblich ist es, das Jahres- und nicht das Monatsgehalt anzugeben. Vertrösten Sie den potenziellen Arbeitgeber nicht auf das Vorstellungsgespräch! Wenn Sie Ihre Gehaltsvorstellung im Anschreiben nicht angeben, dann ist das ein Kriterium, das Sie zumindest als A-Kandidat disqualifiziert. Ihre Bewerbung landet allenfalls auf dem B-Stapel (Ersatzkandidaten).
Sie haben drei Möglichkeiten:

- Sie haben genau die Qualifikationen zu bieten, die gesucht sind: Dann sagen Sie offen, was Sie verdienen möchten.
- Sie recherchieren (z.B. im Internet), was üblicherweise in der Branche/für Ihre Tätigkeit gezahlt wird (siehe unten).
- Sie geben Ihr aktuelles oder letztes Gehalt an.

Signalisieren Sie beim Gehalt nicht allzu große Kompromissbereitschaft. Ein erfahrener Personaler weiß: Wer beim Gehalt Abstriche macht, der nutzt eine nach seiner Ansicht unterbezahlte Stelle allenfalls als Sprungbrett und kündigt, sobald der Arbeitsmarkt wieder besser aussieht. Sie können aber klarmachen, dass Ihnen die mit der Stelle verbundene Entwicklungsmöglichkeit einen vorläufigen Verzicht auf Ihr gewohntes Gehalt wert ist.

Ihr frühestmöglicher Eintrittstermin ist wichtig für Ihren potenziellen Arbeitgeber. Nur mit dieser Angabe kann er planen. Bewerben Sie sich aus einer ungekündigten Stellung heraus, dann achten Sie auf Ihre Kündigungsfrist. Bedenken Sie aber auch: Oft ist eine vorzeitige, einvernehmliche Trennung möglich. Ihr jetziger Arbeitgeber weiß wahrscheinlich, dass es keinen Sinn hat, Sie gegen Ihren Willen länger festzuhalten. Sie haben gute Chancen, einen Aufhebungsvertrag zu bekommen. Seien Sie im Anschreiben aber ehrlich.
Es gibt Stellen, bei denen es unerlässlich ist, dass der Arbeitnehmer nicht weit vom Arbeitgeber entfernt wohnt. So muss zum Beispiel ein Arzt, der nachts und am Wochenende für Bereitschaftsdienste eingesetzt wird, in der Nähe seines Krankenhauses wohnen. Deshalb ist in solchen Fällen die Angabe unerlässlich, dass Sie

- in der Nähe wohnen oder
- zum Umzug bereit sind, wenn es mit der Stelle klappt.

Abgesehen von der Residenzpflicht: Es kann auch in anderen Fällen sinnvoll sein, Umzugsbereitschaft zu signalisieren. Wenn Sie zum Beispiel in Süddeutschland wohnen und sich weit weg im Norden oder Osten Deutschlands bewerben. Ein Arbeitgeber hat durchaus Anlass zu der Befürchtung, dass ein gefragter Kandidat sich testweise auf viele Stellen bewirbt, um seinen Marktwert auszuloten. Machen Sie bei Bewerbungen quer durch die Republik klar, dass ein Umzug für Sie kein Hindernis ist. Damit signalisieren Sie echtes Interesse an der ausgeschriebenen Stelle.

**Musterformulierungen für Baustein E**

- Meine Gehaltsvorstellungen liegen bei ... € pro Jahr.
- Mein bisheriges/letztes Gehalt lag bei ... € pro Jahr.
- Als Gehalt stelle ich mir ... € jährlich vor.
- Mein bisheriges/letztes Gehalt lag bei ... €. Ich rechne mit einer Verbesserung.
- Mein frühester Eintrittstermin ist der 1. Januar.
- Ein Umzug ist für mich möglich.
- Ich kann ab 1. Januar bei Ihnen anfangen.
- Für diese Stelle ziehe ich gern nach ...
- Ich bewerbe mich aus ungekündigter Stellung, deshalb kann ich erst zum 1. Juli bei Ihnen anfangen. Wenn Sie mich zu einem früheren Termin einstellen wollen, rechne ich aber damit, dass dies möglich ist.

**Meine Formulierungsentwürfe für Baustein E**

①

②

③

Briefbaustein F = Aufforderung zum Handeln

Psychologisch geschickt ist es, das Anschreiben nicht einfach nur mit der Grußformel zu beenden – diese dürfen Sie abschließend natürlich nicht vergessen –, sondern den Empfänger zum Handeln aufzufordern. Was läge da näher, als ein Gespräch vorzuschlagen? Die gängigste Variante ist der Satz *Über eine Einladung zum Vorstellungsgespräch freue ich mich sehr.* Er enthält aber noch keine Aufforderung zum Handeln. Besser ist es, Sie schlagen dem Personalverantwortlichen vor, Sie einzuladen, indem Sie zum Beispiel gleich noch die Telefonnummer angeben, unter der Sie in der Regel erreichbar sind.

**Musterformulierungen für Baustein F**

- Ich freue mich, wenn Sie mich bald zu einem Vorstellungsgespräch einladen.
- Von meiner Eignung möchte ich Sie gern in einem persönlichen Gespräch überzeugen.
- Wann darf ich mich bei Ihnen vorstellen?
- Über die Gelegenheit zu einem persönlichen Vorstellungsgespräch freue ich mich sehr!
- Über eine Einladung zum Vorstellungsgespräch freue ich mich.
- Interessiert? Dann laden Sie mich zum Vorstellungsgespräch ein!

## Meine Formulierungsentwürfe für Baustein F

1

2

3

**Das Anschreiben fertigstellen**

Sie haben jetzt alle nötigen Bausteine für Ihr Anschreiben zusammen. Das nächste ist: Stellen Sie die einzelnen Bestandteile zusammen.

Dazu legen Sie in Ihrer Textverarbeitung ein Dokument an, in das Sie nach und nach alles eintragen. Schauen Sie sich noch einmal alle Bausteine A bis F an und tragen Sie in der bereits definierten Gestaltung (Seitenformat, Schrift und Schriftgröße) alle Bestandteile zusammen.

Prüfen Sie direkt, ob sich der Text – aus Bausteinen entstanden – flüssig liest. Wenn nicht, dann formulieren Sie Überleitungen; auch das eine oder andere Füllwort kann den Lesefluss erleichtern.

Erst wenn Sie ganz mit Ihrem Anschreiben zufrieden sind, prüfen Sie, ob Ihnen auch kein Fehler unterlaufen ist. Dabei orientieren Sie sich an der Übersicht über die zehn häufigsten Fehler, die auf den folgenden Seiten ausführlich dargestellt sind.

## Die zehn häufigsten Fehler

Fragt man Personalverantwortliche nach typischen Fehlern beim Bewerbungsanschreiben, tauchen einige Antworten immer wieder auf.

### Fehler 1: das gleiche Anschreiben für alle Bewerbungen

Für alle Bewerbungen das gleiche Anschreiben zu verwenden, ist zwar die leichteste Variante der Bewerbung, aber zugleich diejenige, die am wenigsten Erfolg verspricht. Einfach Firmennamen und Anrede auszutauschen – damit ist es nicht getan. Zwar sieht der Empfänger nicht, dass Sie das gleiche Anschreiben auch noch an 20 andere potenzielle Arbeitgeber geschickt haben.
Aber er kann sehr wohl einschätzen, ob Sie darin individuell auf die Stelle eingehen, die er anbietet. Bei Initiativbewerbungen ist ein solches Vorgehen erst recht nicht effektiv. Denn der Empfänger, der gar keine Stelle ausgeschrieben hat, muss sich nicht mit Ihrer Bewerbung auseinandersetzen. Er kann sie genauso gut gleich wieder zurückschicken.

**Tipp** Individuell bewerben!

Gehen Sie in jedem Anschreiben individuell auf die Stelle und den potenziellen Arbeitgeber ein, bei dem Sie sich bewerben.
Ein Personalentscheider langweilt sich nicht, wenn er in Ihrem Anschreiben etwas über seine Firma, Behörde oder Organisation liest. Im Gegenteil: Er sieht dann, dass Sie sich Gedanken gemacht haben und Ihre Bewerbungen nicht willkürlich an alle möglichen Empfänger schicken.

### Fehler 2: vergessene Änderungen bei Computerbriefen

So wenig ratsam es ist, das gleiche Anschreiben für alle Bewerbungen zu verwenden – eines ist klar: Sie brauchen das Rad auch nicht jedes Mal neu zu erfinden. Der Computer ermöglicht es ohne Weiteres, Textbausteine zu erstellen und bei Bedarf zu verwenden. Bei Stellen, bei denen ein ähnliches Profil gefordert ist, können Sie auf vorformulierte Sätze zurückgreifen. Modeln Sie sie bei Bedarf einfach ein wenig um, damit sie genau zur ausgeschriebenen Stelle passen.
Erstellen Sie aber für jeden Brief ein neues Dokument. Kopieren Sie die einzelnen Bausteine aus einem alten Brief hinein und ändern Sie jeden einzelnen sofort nach dem Kopieren. Variante: Sie können auch eine Briefvorlage verwenden und anpassen. Dann sollten Sie aber alles, was auf jeden Fall geändert werden muss, zunächst rot markieren. Wenn Sie ein neues Anschreiben brauchen, dann speichern Sie in einem ersten Schritt die Vorlage unter einem anderen Dateinamen ab und ändern Sie Schritt für Schritt alles, was rot markiert ist. Nach jeder Änderung wandeln Sie die rote Markierung in schwarze Standardschrift um. Hüten Sie sich aber davor, einen vorhandenen Brief einfach zu überschreiben. Denn es passiert schnell, dass der Firmenname einer früheren Bewerbung irgendwo im Text stehen bleibt. Eine solche Nachlässigkeit führt in aller Regel zu einer Absage.

**Checkliste** Haben Sie alle nötigen Änderungen vorgenommen?

Prüfen Sie die folgenden Punkte in Ihrem Anschreiben besonders gründlich:
Name des potenziellen Arbeitgebers geändert?
- im Adressfeld?
- im Fließtext?

Adresse des potenziellen Arbeitgebers geändert?
- im Adressfeld?
- in den Ortsangaben im Fließtext (z.B.: »Ein Umzug nach Hamburg wäre kein Problem«, wenn es um eine Stelle in München geht)?

Name des Ansprechpartners geändert?
- im Adressfeld?
- in der Anrede?
- ggf. im Fließtext?
- Datum aktualisiert?
- Stellenbezeichnung korrekt?

### Fehler 3: Qualifikation im Anschreiben nicht genannt

*Ich interessiere mich für die Stelle und glaube, dass ich dafür geeignet bin.* Immerhin glaubt der Bewerber selbst an seine Eignung. Für den Personalentscheider unerlässlich ist aber die Auskunft, warum der Bewerber sich für qualifiziert hält. Es reicht nicht, wenn er im Anschreiben nur Interesse an der Stelle bekundet. Zählen Sie Ihre Eigenschaften, Kenntnisse und Fähigkeiten auf, die zur Stelle passen. Den Beleg für diese Qualifikationen wird der Personalverantwortliche zunächst im Lebenslauf suchen. Ideal ist es natürlich, wenn Sie schon im Anschreiben darauf eingehen – vorausgesetzt, der Platz reicht dafür.

### Fehler 4: übertriebene Selbstsicherheit

Übertriebene Selbstsicherheit und Eigenlob kommt bei den wenigsten Personalverantwortlichen gut an. Ein Anschreiben der Marke »Hoppla, jetzt komm ich!« bringt Minuspunkte ein.
Bei routinierten Personalentscheidern sind unbewiesene oder unplausible Behauptungen besonders unbeliebt. Denn sofort drängt sich der Eindruck auf: »Große Klappe, nichts dahinter.« Wer zum Beispiel frisch von der Ausbildung oder Universität kommt und behauptet, über Führungseigenschaften zu verfügen, macht einen Personalentscheider stutzig. Wann soll ein so unerfahrener Bewerber eine Führungsposition innegehabt haben? Führt ein Bewerber aber an, dass er jahrelang als Trainingsleiter in einem Sportverein tätig war, nimmt man ihm seine Behauptung eher ab.

**Tipp** Selbstbewusstsein zeigen, aber keine Überheblichkeit!

Zugegeben – es ist nicht ganz einfach, die Grenze zwischen selbstbewusstem Auftreten und übertriebener Selbstsicherheit zu finden. Selbstbewusstsein ist ein Muss, übertriebenes Selbstbewusstsein ein Ausschlusskriterium. Stehen Sie zu Ihren Qualifikationen. Aber behaupten Sie nichts, was Sie nicht belegen können, zum Beispiel durch frühere Tätigkeiten, Ausbildungsnachweise oder Hobbys. Achten Sie auf Schlüssigkeit und verzichten Sie auf jede Eigenbewertung.

### Fehler 5: zu wenig Selbstbewusstsein

So schädlich übertriebenes Selbstbewusstsein ist – es ist besser, als gar keines zu zeigen. Wer sich bewirbt, muss sich selbstbewusst zeigen. Erst mit Selbstvertrauen kann er einen potenziellen Arbeitgeber von seiner Eignung überzeugen. Die Erfahrung zeigt, dass die meisten Bewerber sich ihrer Schwächen viel mehr bewusst sind als ihrer Stärken. Das gilt besonders für Arbeitslose.

**Tipp** Vergessen Sie Ihre Stärken nicht!

Kopf hoch! Sie haben Qualifikationen, von denen andere nur träumen können. Machen Sie sich klar, was Sie können und was Sie gern tun. Lassen Sie sich das von Freunden und Familienmitgliedern bestätigen. Betrachten Sie Ihre Stärken nicht als Selbstverständlichkeit, sondern erwähnen Sie sie explizit im Anschreiben. Gerade Ihre »weichen« Eigenschaften – also diejenigen, die außerhalb von Ausbildung und erworbenen Kenntnissen liegen – sollten Sie nicht unterbewerten, sondern in der Bewerbung hervorheben.

### Fehler 6: Ignorieren wichtiger Bedingungen

Als Bewerber können Sie sich viel Mühe sparen, wenn Sie die Stellenanzeige genau studieren. Denn oft sind Bedingungen genannt, die Ihnen selbst als nebensächlich erscheinen, die für den potenziellen Arbeitgeber aber von zentraler Bedeutung sind. Zwei Beispiele:

- »Unser Betrieb liegt in Böblingen. Sie sollten für die Anfahrt nicht länger als 30 Minuten brauchen.«
- »Die Stelle ist wegen Mutterschaftsvertretung zum 1. Juli zu besetzen.«

Es ist ein Fehler, auf solche scheinbar unwichtigen Bedingungen im Anschreiben nicht einzugehen. Nehmen wir den ersten Fall: Der Arbeitgeber sucht einen Industriemechaniker, der sich im Störfall um die Reparatur von Maschinen kümmert. Hat dieser Mann eine lange Anfahrtszeit, dann stehen die Maschinen (auch die in der Produktion nachgelagerten) unnötig lange still. Das verursacht hohe Kosten. Für eine Bewerbung heißt das: Wohnt der Bewerber nicht in der Nähe des

Betriebs, kommt er nicht infrage, selbst wenn sein Profil noch so gut zur angebotenen Stelle passt. Das Gleiche gilt im zweiten oben genannten Fall, wenn eine Bewerberin – zum Beispiel wegen der Kündigungsfrist ihrer bisherigen Arbeitsstelle – die neue Stelle nicht zum genannten Termin antreten kann.

**Tipp** Auf wichtige Bedingungen eingehen!

Gehen Sie schon im Anschreiben auf wichtige Bedingungen der Stellenausschreibung ein, zum Beispiel mit den Sätzen:
*Ein Umzug nach Böblingen ist für mich möglich.*
*Ich bin ab dem 1. Juli 2013 frei, die Stelle anzutreten.*
Erfüllen Sie die geforderten Kriterien nicht, dann sollten Sie sich vorher erkundigen, ob Ihre Bewerbung überhaupt sinnvoll ist.

Fehler 7: veraltete Höflichkeitsformeln

Eng verwandt mit Fehler 5 ist ein übertrieben höfliches und demütiges Auftreten. Gerade die Wörter »hätte«, »würde«, »dürfte« oder »könnte« sind zu veralteten Höflichkeitsfloskeln erstarrt. Wer sie im Anschreiben allzu häufig benutzt,

- wirkt schnell unterwürfig (eine Eigenschaft, die sich z.B. mit Verantwortungsbewusstsein und Führungsstärke beißt),
- dokumentiert kein allzu großes Vertrauen in den eigenen Auftritt und die eigenen Fähigkeiten,
- wird leicht als antiquiert und unmodern wahrgenommen.

| Griffig formulieren: besser ohne Konjunktiv |
|---|
| **Nicht:** |
| In diesem Bereich würde ich gern arbeiten. |
| An der von Ihnen ausgeschriebenen Stelle hätte ich großes Interesse. |
| Deshalb würde ich mich gern bewerben. |
| Ich glaube, dass ich für diese Stelle der geeignete Kandidat wäre. |
| Ich könnte die Stelle zum ... antreten. |
| Ich würde gern ... Euro pro Jahr verdienen. |
| Ich würde mich freuen, wenn Sie mich zu einem Vorstellungsgespräch einladen würden. |
| **Sondern:** |
| Dieser Bereich passt genau zu meinen Qualifikationen. |
| Die Stelle, die Sie anbieten, interessiert mich. |
| Deshalb erhalten Sie meine Bewerbung. |
| Deshalb bewerbe ich mich bei Ihnen. |
| Für diese Stelle bin ich der geeignete Kandidat. Warum ich das behaupte? Weil ... |
| Mein frühestmöglicher Eintrittstermin ist der ... |
| Meine Gehaltsvorstellungen liegen bei ... Euro pro Jahr. |
| Bisher verdiene ich ... Euro pro Jahr. Ich rechne mit einer Verbesserung. |
| Ich freue mich, wenn Sie mich zu einem Vorstellungsgespräch einladen. |
| Auf ein persönliches Gespräch mit Ihnen freue ich mich. |

### Fehler 8: Ich-ich-ich-Syndrom

In Ihrer Bewerbung stehen Ihre Person und Ihre Fähigkeiten im Mittelpunkt. Das ist klar. Vermeiden Sie es dennoch, nur von sich selbst zu reden. Denn es wirkt sehr ichbezogen. Sie vermitteln damit den Eindruck, dass Sie sich gar nicht für das interessieren, was dem potenziellen Arbeitgeber wichtig ist (»Mich interessiert gar nicht, was Sie wollen.«).

Es ist besser, Sie gehen immer wieder mit einem Satz auf die Wünsche des potenziellen Arbeitgebers ein. Denn nicht Ihre Sichtweise ist entscheidend, sondern die Frage, ob Ihre Fähigkeiten und Qualifikationen den Vorstellungen Ihres potenziellen Arbeitgebers entsprechen. Flechten Sie immer wieder ein, dass Sie sich mit seinen Wünschen beschäftigt haben. Das zeigt, dass Sie sich in seine Lage hineinversetzen können und erfasst haben, was er braucht. Einige Beispiele zeigt die folgende Tabelle:

| Formulierung Ihrer Fähigkeiten |
| --- |
| **Sichtweise des Bewerbers – nicht allzu oft anwenden** |
| Ich interessiere mich für Ihr Stellenangebot. |
| Ich möchte gern in diesem Bereich arbeiten. |
| Ich bin ... Ich kann ... |
| Diese Aufgabe reizt mich. |
| **Sichtweise des Empfängers – häufiger einstreuen** |
| Ihr Stellenangebot passt zu meinen Qualifikationen. |
| Sie schreiben, dass diese Arbeit anspruchsvoll ist. Dieser Herausforderung stelle ich mich gern. |
| Sie suchen ... – ich biete ... |
| Überzeugen Sie sich selbst, dass ich dieser Aufgabe gewachsen bin: ... |

### Fehler 9: Rechtschreib- und Grammatikfehler

Sie meinen, Ihr Anschreiben sei versandfertig? Dann darf es keinen Rechtschreib- oder Grammatikfehler enthalten. Denn gerade diese formalen Fehler sind vielen Personalverantwortlichen ein Dorn im Auge.

**Tipp** Ausdrucken und Korrektur lesen (lassen)!

Drucken Sie Ihr Anschreiben aus und lesen Sie es auf Papier noch einmal durch. Bitten Sie auch eine weitere Person, es mit einem Rotstift zu korrigieren, und übertragen Sie die Korrekturen sorgfältig. Bei der Bewerbung im praktischen Bereich sind Rechtschreibfehler nicht unbedingt ein K.-o.-Kriterium, im kaufmännischen Bereich dagegen schon. Denn hiermit demonstrieren Sie, dass Sie im Schriftverkehr nicht die nötige Sorgfalt walten lassen. Besonders schlimm: falsche Schreibweise der Firma, Organisation oder Behörde, bei der Sie sich bewerben, oder des Ansprechpartners, zu dessen Händen Sie Ihre Bewerbung geschickt haben.

### Fehler 10: fehlende Unterschriften

Anschreiben mit fehlender Unterschrift kommen häufiger vor, als man denkt. Sie zeugen aber zumindest von Nachlässigkeit. Manche Personalverantwortliche ziehen aus dem Fehlen der Unterschrift sogar den Schluss, dass ein Bewerber nicht zu dem steht, was er geschrieben hat.

**Tipp** Vor dem Eintüten prüfen!

Bevor Sie die Bewerbung in einen Umschlag stecken, prüfen Sie sie noch einmal sorgfältig. Nicht nur das Anschreiben, sondern auch der Lebenslauf muss unterschrieben sein, am besten mit blauer Tinte. Eine eingescannte und mit Farbdrucker ausgedruckte Unterschrift ist nicht empfehlenswert. Wenn dieses Vorgehen auffliegt (was bei schlechter Auflösung die Regel ist), dann liegt der Verdacht einer Massenbewerbung nahe.

Andrea Neumann Gartenstraße 3 81234 München Tel.: 089 1234567

E-Mail: aneumann@mail.de

Einrichtungshaus Meier
Herrn Alfred Meier
Industriestraße 15
84321 München

19. Januar 2012

1 **Bewerbung um einen Ausbildungsplatz als Bürokauffrau**
**Ihre Anzeige auf der Online-Jobbörse der Arbeitsagentur**

2 Sehr geehrter Herr Meier,

3 mit großem Interesse habe ich Ihre Anzeige im Internet gelesen. Meine Eltern haben Ihr Einrichtungshaus erst kürzlich gelobt, als sie sich dort eine neue Schrankwand gekauft haben und sehr gut beraten wurden. Gerne möchte ich bei Ihnen meine Lehre zur Bürokauffrau machen.

4 Zurzeit besuche ich die Staatliche Realschule in Neubiberg, die ich im Juli mit dem Realschulabschluss abschließen werde. Meine Lieblingsfächer sind Französisch und Mathematik. Daneben gehe ich gerne in die Computer-AG, wo ich mir Kenntnisse in Microsoft Office mit allen gängigen Anwendungen aneignen konnte.

5 Erste berufliche Erfahrungen habe ich während meines vierwöchigen Betriebspraktikums bei der Firma Müller Consult in Höhenkirchen gesammelt. Dort half ich bei der Pflege der Kundendatei und durfte bei der Kursorganisation und Reiseplanung mitwirken. Besonders gefallen hat mir dabei die Zusammenarbeit im Team.

Ich freue mich, wenn ich Sie in einem persönlichen Gespräch von mir und meinen Qualifikationen überzeugen darf.

Mit freundlichen Grüßen

*Andrea Neumann*

**Anlagen**

### 1 Die Betreffzeile

Mit der Betreffzeile informiert Andrea Neumann darüber, dass sie sich für einen Ausbildungsplatz zur Bürokauffrau bewirbt und woher sie von der Ausbildungsstelle weiß. Damit erleichtert sie dem Personalverantwortlichen die Zuordnung ihrer Unterlagen.

**Wie lautet Ihre Betreffzeile?**

### 2 Die Anrede

Andrea Neumann wählt die persönliche Anrede. Das ist unbedingt zu empfehlen, wenn der Name des Ansprechpartners einfach herauszufinden ist. Denn der Empfänger freut sich, wenn er persönlich mit Namen angesprochen wird. »Sehr geehrte Damen und Herren« sollten Sie nur dann wählen, wenn Sie auch durch ein vorangegangenes Telefongespräch keinen Namen herausfinden konnten.

**Wie heißt Ihr Ansprechpartner?**

### 3 Motivation für die Bewerbung

Gleich zu Beginn ihres Anschreibens erwähnt Andrea Neumann, woher sie das Unternehmen kennt. Außerdem lobt sie das Einrichtungshaus für seine sehr gute Kundenberatung. Damit signalisiert Andrea Neumann ihre Motivation und ihr Interesse, gerade in diesem Unternehmen ihre Ausbildung absolvieren zu wollen. Es gilt: Wer interessiert ist, ist motiviert und für die andere Seite interessant.

**Welche Motivation haben Sie für Ihre Bewerbung?**

### 4 Vorstellung der eigenen Person

Andrea Neumann ist jung und steht erst vor dem Abschluss der Realschule. Deshalb verbindet sie die Vorstellung ihrer Person mit der Beschreibung Ihrer Fähigkeiten (vgl. Lebenslauf S. 92). Dass sie dabei ihre Lieblingsfächer erwähnt und beschreibt, dass sie gerne in die Computer-AG geht, vermittelt dem Personalverantwortlichen einen Eindruck von ihrer Neigung und Eignung.

**Welche Lieblingsfächer haben Sie?**

**Welche Sprach- und/oder Computerkenntnisse haben Sie?**

**Welche anderen Fähigkeiten haben Sie, die für Ihre Ausbildungsstelle wichtig sind?**

### 5 Berufliche Erfahrungen

Berufspraktische Erfahrungen hat Andrea Neumann natürlich noch wenig. Umso wichtiger ist ihr vierwöchiges Betriebspraktikum, das ihr einen ersten Einblick in die Praxis gegeben hat. Es gilt: bei einer Bewerbung um einen Ausbildungsplatz unbedingt Praxiserfahrungen aufführen.

**Welche praktischen Erfahrungen haben Sie bereits gesammelt?**

Felix Müller
Amalienstraße 35
65432 Mainz
Tel.: 06131 43210
fmueller@mail.de

IT-Systems GmbH
Herrn Dr. Ulf Bender
Marienstraße 118 –120
65432 Mainz

Mainz, 15.02.2012

**Bewerbung als IT-Systemelektroniker**
**Ausschreibung auf Ihrer Homepage**

1 Sehr geehrter Herr Dr. Bender,

die Lehrstellenausschreibung auf Ihrer Firmenhomepage hat mich begeistert. In Ihrem international ausgerichteten Unternehmen eine Ausbildung zum IT-Systemelektroniker zu absolvieren, reizt mich sehr.

Zurzeit besuche ich das Kurfürst-Gymnasium hier in Mainz, das ich im Juni mit dem Abitur abschließen werde. Meine Freizeit verbringe ich schon seit einigen Jahren gerne am Computer und im Internet. Für meinen Vater habe ich bereits ein kleineres Kalkulationsprogramm für die Angebotserstellung geschrieben. Außerdem bin ich einer der Systemadministratoren unserer Schulhomepage (www.kurfuerstgymnasium-mainz.de). Auf fachlichem Gebiet konnte ich bereits viel von meinem Bruder lernen, der als Systemadministrator arbeitet.

2

Im Sommer letzten Jahres habe ich ein dreiwöchiges Praktikum bei der Firma Müller & Schöne EDV in Wiesbaden gemacht. Dabei gehörte die Installation von neuer Software ebenso zu meinen Aufgaben wie das Programmieren von kleineren Datenbank-Anwendungen.

In meiner Freizeit helfe ich gerne Freunden dabei, ihre Computerprobleme zu beheben. Da ich regelmäßig die Fachpresse verfolge, kenne ich auch die neuesten Entwicklungen im Bereich Hard- und Software.

3 Gerne komme ich persönlich bei Ihnen vorbei, um mich vorzustellen. Ich freue mich auf Ihre Antwort!

Mit freundlichen Grüßen

Felix Müller

**Anlagen**

## 1 Der Einstieg in das Anschreiben

Die Betreffzeile, die Anrede und einen Anknüpfungspunkt zum Unternehmen (Firmenhomepage) formuliert Felix Müller kurz und ansprechend.

**Wie lautet Ihre Betreffzeile?**

## 2 Neigung, Fähigkeiten und Eignung

Felix Müller legt in seinem Anschreiben den Schwerpunkt auf die Beschreibung seiner Neigung, seiner Fähigkeiten und seiner Eignung für den angestrebten Ausbildungsberuf des IT-Systemelektronikers. Er begründet im zweiten, dritten und vierten Absatz sein großes Interesse an dem Berufsbild. So hat er ein dreiwöchiges Praktikum in einer EDV-Firma absolviert, in der Schule ist er als Systemadministrator für die Schulhomepage zuständig, in der Familie programmiert er für seinen Vater kleine Programme und in seiner Freizeit hilft er Freunden bei Computerproblemen. Ein Personalverantwortlicher bekommt durch diese Beschreibung einen guten Einblick in die Neigung, die Fähigkeiten und Eignung von Felix Müller für den gewünschten Ausbildungsberuf.

**Woran erkennt ein Personalverantwortlicher Ihre Neigung, Fähigkeiten und Eignung für den von Ihnen angestrebten Ausbildungsberuf?**

**Welche Ihrer Freizeitaktivitäten sind mit dem gewünschten Ausbildungsberuf verwandt?**

**Welche Ihrer Aktivitäten in der Schule deuten auf eine Neigung und Eignung für den gewählten Ausbildungsberuf hin?**

**Haben Sie ein entsprechendes Betriebspraktikum absolviert und wenn ja, wo haben Sie was gemacht?**

## 3 Organisatorisches

Bei Bewerbungen um einen Ausbildungsplatz direkt nach dem bevorstehenden Schulabschluss spielen Ihre Gehaltsvorstellungen und der frühestmögliche Eintrittstermin in aller Regel keine Rolle. Ausbildungsvergütungen und Ausbildungsbeginn sind nahezu immer festgelegt. Der Hinweis auf Umzugsbereitschaft ist hingegen sinnvoll, wenn Sie zum Beispiel in Norddeutschland wohnen und sich im Süden oder Osten Deutschlands bewerben.

**Bewerben Sie sich weit weg von Ihrem Heimatort für einen Ausbildungsplatz? Dann sollten Sie Ihre Umzugsbereitschaft erwähnen.**

Ahmed Kagan
Ehrenfelder Gürtel 44 c, 50826 Köln, Tel.: 0211 543210

LILAC Presseagentur
Leitung Bilderdienste
Wichterichallee 19–21
50029 Köln

15. Juni 2012

1 **Ich möchte bei Ihnen als Volontär für Bilddokumentation anfangen**

2 Sehr geehrte Damen und Herren,

3 in der „Kölner Rundschau“ vom 9. Juni ist mir Ihre Stellenanzeige aufgefallen. Klasse, dass Sie Volontäre im Bereich Bilddokumentation ausbilden! Hiermit bewerbe ich mich auf diese Stelle.

4 Zu meiner Person: Ich bin 18 Jahre alt und habe Realschulabschluss. Derzeit mache ich eine Ausbildung zum Fotografen. Für gute Bilder habe ich ein Auge. Es macht mir Spaß, Zeitungen zu durchstöbern und mir zu überlegen, was für Fotos zu den einzelnen Nachrichten und Meldungen passen würden. Im ersten Ausbildungsjahr habe ich gemerkt, dass mich die Vermarktung von Bildern und die Arbeit mit Bilddatenbanken noch mehr interessieren als das reine Fotografieren. Deshalb habe ich beschlossen, mich vom Fotografenhandwerk zu verabschieden.

Jetzt suche ich eine Herausforderung in dem Bereich, der mir mehr liegt. Ich bin sicher, dass ich meine Fähigkeiten in Ihrer Agentur auch zu Ihrem Vorteil einsetzen kann. Als begeisterter Zeitungsleser bin ich über die aktuellen Geschehnisse auf dem Laufenden. Im Englischen verfüge ich über solide Grundkenntnisse, Türkisch und Deutsch kann ich fließend in Wort und Schrift.

Ich hoffe, ich habe Sie neugierig gemacht. Über eine Einladung zu einem Vorstellungsgespräch freue ich mich sehr.

Freundliche Grüße

*Ahmed Kagan*

5 PS: Auf der beiliegenden CD finden Sie einige kleine Arbeitsproben von mir: Bilder, die ich zu speziellen Presseartikeln gemacht habe.

**1 Die Betreffzeile**
Ahmed Kagan formuliert sehr direkt, fast ein bisschen forsch, was er möchte. Das ist durchaus legitim.

**Wie lautet Ihre Betreffzeile?**

**2 Die Anrede**
»Sehr geehrte Damen und Herren« ist als Anrede nicht optimal. Aber Ahmed Kagan hat sich wahrscheinlich nicht getraut, beim Unternehmen anzurufen und nach dem Ansprechpartner zu fragen. Deshalb bleibt ihm nur die allgemeine Anrede.

**Wie heißt Ihr Ansprechpartner?**

**3 Anknüpfungspunkt zum Unternehmen**
Ahmed Kagan erwähnt, dass er es klasse findet, dass das Unternehmen Volontäre im Bereich Bilddokumentation ausbildet. Das ist ein kurzer, seinem Alter angemessener Bezug zum Unternehmen.

**Welchen Anknüpfungspunkt zum Unternehmen haben Sie?**

**4 Vorstellung der eigenen Person**
Ahmed Kagan will seine begonnene Ausbildung zum Fotografen abbrechen. Er will sich umorientieren und sich im Bereich der Bilddokumentation ausbilden lassen. Eine begonnene Ausbildung abzubrechen, wird in aller Regel eher kritisch gesehen. Deshalb verpackt er diesen Knackpunkt in der Vorstellung seiner eigenen Person und seiner Fähigkeiten. Ahmed Kagan beschreibt, dass ihn die Vermarktung von Bildern und die Arbeit mit Bilddatenbanken noch mehr interessieren als das reine Fotografieren. Dieses Vorgehen ist sinnvoll, denn im Vordergrund sollte immer stehen, was man will – und nicht, was man nicht will. Egal, ob es sich um einen Ausbildungswechsel, einen Arbeitgeberwechsel oder einen Berufswechsel handelt, beschreiben Sie immer, was für das angestrebte Ziel spricht.

**Was interessiert Sie an der neuen Ausbildung (Arbeitsstelle) mehr als an der alten?**

**Welche Fähigkeiten können Sie in der neuen Ausbildung (Arbeitsstelle) noch besser zur Geltung bringen?**

**5 Zusatzinformation**
Gerade im Kreativbereich sind Arbeitsproben sinnvoll und erwünscht. Ahmed Kagan weist am Ende seines Anschreibens auf eine CD mit Arbeitsproben hin, die er seiner Bewerbung beigelegt hat.

**Bewerben Sie sich im Kreativbereich und haben Arbeitsproben, die Sie Ihrer Bewerbung beilegen können? Dann verweisen Sie darauf.**

Sylvia Bredow
Industriestr. 1
17036 Neubrandenburg
Tel.: 0395 55667788
bredow.sylvia@webnet.com

FCF-Folien GmbH
Personalabteilung
Darßstr. 22
18119 Rostock

27. September 2012

**Bewerbung als Sachbearbeiterin, Website-Ausschreibung**

1 Sehr geehrte Damen, sehr geehrte Herren,

auf Ihrer Website suchen Sie eine Sachbearbeiterin für den Bereich Versand und Logistik. Das ist genau der Bereich, der mir in meiner Lehrzeit am besten gelegen hat. Hiermit bewerbe ich mich um diese Stelle.

Ich bin 20 Jahre alt und habe im August 2012 meine Ausbildung zur Industriekauffrau abge-
schlossen. In der Abwicklung des Warenein- und -ausgangs lag der Schwerpunkt meiner Tätig-
2 keit. Diese Aufgabe reizt mich auch weiterhin. In Ihrem Unternehmen, das international tätig ist,
sehe ich die Chance, meine Kenntnisse zu vertiefen und zu Ihrem Vorteil anzuwenden.

3 Das kann ich Ihnen bieten: Ich bin gewissenhaft und effizient – gerade bei der Erstellung von Frachtpapieren und der Überwachung ausgehender Sendungen. Ich arbeite gern im Team, packe schwierige Aufgaben aber auch ohne Weiteres allein an. Wenn es – was im Versand ja häufiger passiert – zu Lieferverzögerungen und Transportpannen kommt, bin ich stark in der Organisation: Notfallpläne erstellen, Ersatz finden, wenn ein Spediteur ausfällt – all das sind Aufgaben, die ich auch schon früher gelöst habe.

4 Sie möchten Referenzen haben? Dann rufen Sie Herrn Friedrich Belzer von der Firma Belmer in
Neubrandenburg an (Tel.: 0395 443322-11). Er gibt Ihnen gern Auskunft über meine Ausbil-
dungszeit. Selbstverständlich weiß ich, dass auch damit noch nicht all Ihre Fragen beantwortet
5 sind. Deshalb stehe ich Ihnen gerne für ein persönliches Gespräch zur Verfügung. Ich freue mich
auf Ihre Antwort.

Mit freundlichen Grüßen

*Sylvia Bredow*

**1 Die Anrede**
»Sehr geehrte Damen, sehr geehrte Herren« ist als Anrede nicht optimal. Aber Sylvia Bredow bewirbt sich digital auf einer Onlineplattform, direkt über die Firmenwebsite. Sie verwendet die allgemeine Anrede, da kein Ansprechpartner genannt und auch keine Telefonnummer angegeben wird, unter der sie sich informieren könnte.

**Wie lautet Ihre Anrede?**

**2 Anknüpfungspunkt zum Unternehmen**
Sylvia Bredow zeigt durch eine kurze Formulierung, dass sie sich über das Unternehmen informiert hat: »In Ihrem Unternehmen, das international tätig ist, ...« Das genügt als Anknüpfungspunkt, wenngleich Frau Bredow hier auch noch einen Satz mehr hätte schreiben können.

**Welchen Anknüpfungspunkt zum Unternehmen haben Sie?**

**3 Fähigkeiten und Eignung**
Sylvia Bredow beschreibt präzise und selbstbewusst, was sie in ihrer Ausbildung gelernt hat, welche Eigenschaften, Fähigkeiten und praktischen Erfahrungen sie mitbringt. Durch diese Angaben kann sich ein Personalverantwortlicher – trotz der fehlenden Berufserfahrung – ein Bild über die Eignung von Frau Bredow machen.

**Welche Eigenschaften zeichnen Sie aus?**

**Welche Aufgaben haben Sie in Ihrer Ausbildung erledigt?**

**Welche Fähigkeiten bringen Sie mit?**

**4 Nennung von Referenzgebern**
Als Berufseinsteigerin – nach Abschluss der Ausbildung – hat Sylvia Bredow keine Arbeitszeugnisse vorzuweisen, die belegen, wie gut sie arbeitet. Deshalb ist es sinnvoll, einen Referenzgeber zu nennen, der Auskunft darüber geben kann. Natürlich hat sich Frau Bredow im Vorfeld vergewissert, dass die genannte Person zur Auskunft bereit ist.

**Wen können Sie als Referenzgeber nennen?**

**5 Aufforderung zum Handeln**
Sylvia Bredow beendet ihr Anschreiben mit der Handlungsaufforderung an den Empfänger: »Ich freue mich auf Ihre Antwort.«

**Wie fordern Sie den Empfänger Ihres Anschreibens zum Handeln auf?**

Armin Probst · Altmark-Allee 311 · 39104 Magdeburg
Tel.: 0391 33221100 · Mobil: 0172 98765432 · E-Mail: a.probst@mailweb.de

Fraunhofer-Institut für Solare Energiesysteme
Dr. Elisabeth Brunner
Sollingstraße 5
37085 Göttingen

28.01.2012

**Bewerbung als wissenschaftlicher Mitarbeiter**
**Ihre Ausschreibung auf der Website www.ipm.fhg.de**

Sehr geehrte Frau Dr. Brunner,

1 schon seit Längerem verfolge ich in der Fachpresse das Projekt „Systemforschung Elektromobilität“, nun finde ich auf der Website der Fraunhofer-Gesellschaft die Ausschreibung einer Stelle für einen wissenschaftlichen Mitarbeiter in diesem Bereich. Auf diese Position bewerbe ich mich.

2 Zu meinem Profil: Ich bin Student der Elektrotechnik an der Otto-von-Guericke-Universität in Magdeburg, kurz vor dem Abschluss zum Master of Science. Meine Abschlussarbeit beschäftigt sich mit „Potenzialen der Fotovoltaik in der Stadt- und Regionalplanung“. Ein Teilaspekt davon ist der Einsatz von Solarstrom bei städtischen Verkehrsbetrieben – insofern fühle ich mich für die weitere Forschung auf dem Gebiet der Elektromobilität bestens gerüstet.

Sehr gern forsche ich im Labor, vor allem an der Entwicklung innovativer Lösungen. Ich schätze es, im Team zu arbeiten, gehe aber meinen Aufgaben auch ebenso gern eigenständig nach. Mir liegt eher die angewandte Forschung als die Grundlagenforschung – aus diesem Grund erscheint mir die Arbeit bei einem Fraunhofer-Institut besonders attraktiv. Eine gute Kenntnis der englischen Sprache rundet mein Profil ab.

Gerne stelle ich mich Ihnen persönlich vor. Ich freue mich auf Ihre Antwort.

Mit besten Grüßen nach Göttingen

*Armin Probst*

### 1 Anknüpfungspunkte zum Unternehmen

Armin Probst bewirbt sich kurz vor Abschluss seines Studiums auf eine Stelle als wissenschaftlicher Mitarbeiter bei einem Forschungsinstitut. Beim direkten Berufseinstieg nach einem Studium ist es besonders wichtig, sein Interesse an der ausgeschriebenen Stelle und/oder dem Unternehmen zu signalisieren.
Herr Probst knüpft in seinem Anschreiben an drei Punkte an: im ersten Absatz (Projekt »Systemforschung Elektromobilität«), im zweiten Absatz (Teilaspekt seiner Abschlussarbeit »... Solarstrom bei städtischen Verkehrsbetrieben ...«) und im dritten Absatz (»Mir liegt eher die angewandte Forschung ...«). Damit signalisiert er Interesse und Motivation an der Stelle sowie Kenntnisse über die Arbeitsweise des Fraunhofer-Instituts, das als Institut für angewandte Forschung bekannt ist.

**Welchen Anknüpfungspunkt zur ausgeschriebenen Stelle haben Sie?**

**Welchen Anknüpfungspunkt zum Unternehmen haben Sie?**

### 2 Fähigkeiten und Eignung

Als Berufseinsteiger nach dem Studium kann Armin Probst noch keine einschlägige Berufserfahrung nachweisen. Deshalb ist es wichtig, dass er bei der Vorstellung seiner Person präzise auf seine Abschlussarbeit (Master Thesis) eingeht. Armin Probst hätte noch zwei weitere Punkte aufführen können, die Aufschluss über seine Fähigkeiten und Eignung geben: seinen Zivildienst beim Naturschutzbund Deutschland e.V. und seine Praxissemester während des Studiums (vgl. Lebenslauf von Armin Probst auf Seite 94 ff.).

**Welches Thema bearbeiten Sie in Ihrer Abschlussarbeit?**

**Welche Praxissemester haben Sie absolviert?**

**Welche zusätzlichen Informationen geben Auskunft über Ihre Fähigkeiten und Eignung für die ausgeschriebene Stelle?**

Ayshen Özelek
Friedenstr. 21 · 89231 Neu-Ulm · Deutschland
Tel.: +49 731 12345678 · Mobil: +49 153 123456789
E-Mail: oezelek@musterweb.de

Gutmann Food GmbH
Herrn Andreas Kramer
Gewerbestraße 25
70565 Stuttgart

10.02.2012

**Bewerbung auf eine Traineestelle in Ihrem Hause**
**Ihr Stellenangebot auf der Online-Jobbörse www.monster.de**

Sehr geehrter Herr Kramer,

1 vielen Dank für das freundliche Telefongespräch. Mit Interesse habe ich Ihr Stellenangebot „Trainee Healthcare & Life Science" gelesen. Das reizt mich sehr. Gern möchte ich für ein renommiertes und weltweit bekanntes Unternehmen wie Ihres arbeiten und zum Erfolg beitragen.

Ich bin 28 Jahre alt und stehe kurz vor dem Abschluss meines Studiums der Ernährungswissenschaften. Besonders interessiert mich der Bereich „Health Food". Meine Abschlussarbeit habe ich über Vermarktungsstrategien in diesem Bereich geschrieben. Auch in quantitativen Forschungsmethoden kenne ich mich gut aus – in einem Laborpraktikum bei einem Nahrungsmittelkonzern in Kanada habe ich entsprechende Kenntnisse erworben. Zugleich konnte ich unter anderem dort meine Teamfähigkeit und meine Eigeninitiative beweisen.

2 Ich bin deutsche Staatsbürgerin. Deutsch und Türkisch sind meine Muttersprachen, Englisch und
Französisch spreche ich fließend. Können Sie sich vorstellen, mich als Trainee in Ihrem Unter-
3 nehmen einzusetzen? Über eine Einladung zum persönlichen Gespräch freue ich mich sehr.

Beste Grüße nach Stuttgart

*Ayshen Özelek*

**1 Anknüpfungspunkt**

Ayshen Özelek knüpft an ein Telefongespräch mit Herrn Kramer, dem Empfänger ihres Anschreibens, an. Damit nimmt sie den Kommunikationsfaden auf und zeigt große Verbindlichkeit. Außerdem signalisiert Ayshen Özelek, dass sie sich über das Unternehmen informiert hat (»für ein renommiertes und weltweit bekanntes Unternehmen«).

**Haben Sie im Vorfeld Ihrer Bewerbung beim Unternehmen angerufen? Wenn ja, formulieren Sie einen entsprechenden Anknüpfungssatz:**

**Was haben Sie im Vorfeld Ihrer Bewerbung über das Unternehmen herausgefunden? Formulieren Sie einen entsprechenden Anknüpfungssatz:**

**2 Angaben zur Staatsbürgerschaft**

Der Name Ayshen Özelek ist türkisch. Wenn Ihr Name ausländisch klingt und vermuten lässt, dass Sie im Ausland geboren sind, sollten Sie unbedingt darüber informieren, dass Sie (auch) eine deutsche Staatsbürgerschaft haben bzw. im Besitz einer gültigen Aufenthalts- und Arbeitserlaubnis sind. Andernfalls weiß der Personalverantwortliche nicht, ob er rechtliche Beschränkungen bei einer potenziellen Einstellung zu befürchten hat. Deshalb gibt Ayshen Özelek in ihrem Anschreiben an, dass sie deutsche Staatsbürgerin ist.

**Welche Staatsbürgerschaft(en) haben Sie?**

**Haben Sie ggf. eine gültige Aufenthalts- und Arbeitserlaubnis?**

**3 Sprachkenntnisse**

Ayshen Özelek ist zwar deutsche Staatsbürgerin, sie gibt aber trotzdem an, dass Deutsch (und Türkisch) ihre Muttersprachen sind. Bei ausländisch klingenden Namen ist es sinnvoll, anzugeben, wie gut die Deutschkenntnisse in Wort und Schrift sind.

**Wie gut sind Ihre Deutschkenntnisse?**

Ingeborg von Lauffe
Neue Kölner Str. 3
51465 Bergisch Gladbach
Tel.: 02202 122333
E-Mail: VonLauffe@cologneweb.de

Rechtsanwälte
Lisbeth Rainer und Dr. Paul Ugaroff
Lindenallee 15
90429 Nürnberg

Bergisch Gladbach, 12. November 2012

**Bewerbung als Teilzeit-Allround-Bürokraft**

Sehr geehrte Frau Rainer, sehr geehrter Herr Dr. Ugaroff,

in der „Süddeutschen Zeitung“ vom 10. November 2012 stieß ich auf Ihre Stellenanzeige. Die darin beschriebenen Aufgaben reizen mich sehr. Daher bewerbe ich mich als Allround-Bürokraft in Ihrer Kanzlei.

1 Sie suchen jemanden, der mit lebhaftem Kundenbetrieb umgehen kann? Ich habe Freude am
Umgang mit Menschen und bin mir nicht zu schade, Besuchern Kaffee zu servieren! Sie brau-
2 chen eine Kraft, die Büroarbeiten zuverlässig und schnell erledigt? Ich bin gewissenhaft und ar-
beite – auch am Computer – effizient! Sie erwarten jemanden, der nach Diktat oder Stichworten
fehlerfrei schreibt? Ich beherrsche die deutsche Sprache sehr gut (schon zu Schulzeiten war ich
als „DUDEN-Ersatz“ gefragt). Sie brauchen jemanden mit Stressresistenz? Mit Stress kann ich
umgehen. Schließlich verbinde ich die Berufstätigkeit mit meiner Aufgabe als alleinerziehende
3 Mutter meiner mittlerweile 7-jährigen Tochter (Versorgung ist sichergestellt).

4 Meine Gehaltsvorstellungen liegen bei ... brutto/Monat. Da ich mich aktuell in einer
beruflichen Veränderungssituation befinde, könnte ich auch kurzfristig bei Ihnen anfangen.
5

Interessiert? Dann lassen Sie uns den Termin für ein Vorstellungsgespräch vereinbaren.

Aus dem Bergischen Land grüßt Sie freundlich

*Ingeborg von Lauffe*

## 1 Fähigkeiten und Eignung

Ingeborg von Lauffe beschreibt ihre Fähigkeiten, indem Sie jeweils ein Anforderungskriterium der Stelle nennt und darauf Bezug nehmend formuliert, dass sie dieses erfüllen kann. So bekommt der Personalverantwortliche einen guten Eindruck von der Eignung der Bewerberin.

**Welche Fähigkeiten werden für die ausgeschriebene Stelle gefordert?**

**Welche dieser Fähigkeiten können Sie erfüllen?**

## 2 Fehlende Ausbildung

Ingeborg von Lauffe hat keine abgeschlossene Ausbildung. Aber das spielt im Anschreiben keine Rolle, denn in der Stellenanzeige wurde keine Ausbildung gefordert. Andernfalls hätte Frau von Lauffe in einem Telefongespräch im Vorfeld persönlich klären müssen, ob ihre Bewerbung trotz fehlender Ausbildung eine Chance auf Erfolg hat.

## 3 Alleinerziehend

Ingeborg von Lauffe ist alleinerziehende Mutter. Für einen Arbeitgeber ist es sehr wichtig, dass er sich auf die Anwesenheit und Arbeitskraft seiner Mitarbeiter verlassen kann. Gerade alleinerziehende Väter oder Mütter sollten deshalb ausdrücklich darauf hinweisen, dass die Versorgung der Kinder sichergestellt ist.

**Formulieren Sie, dass die Versorgung Ihrer Kinder sichergestellt ist:**

## 4 Gehaltsvorstellungen

In der ausgeschriebenen Stelle wurde die Angabe der Gehaltsvorstellungen verlangt. Ingeborg von Lauffe kommt der Aufforderung nach – was unbedingt zu empfehlen ist. Frau von Lauffe gibt ihre Vorstellungen als Bruttomonatsgehalt an. Das ist für eine Angestelltentätigkeit im Büro durchaus üblich. Bei höher dotierten akademischen Stellen wird die Gehaltsvorstellung in aller Regel als Bruttojahresgehalt angegeben.

**Welche Gehaltsvorstellungen haben Sie?**

## 5 Eintrittstermin

Ingeborg von Lauffe informiert darüber, dass sie sich aktuell in einer beruflichen Veränderungssituation befindet, und zieht daraus den Vorteil für den Empfänger ihrer Bewerbung, dass sie auch kurzfristig zur Verfügung stehen kann.

**Wann ist Ihr frühestmöglicher Eintrittstermin?**

Leonie Pfeiffer · Winsstr. 60 · 10405 Berlin
Tel.: 030 123456789 · Mobil: 0176 123456789 · E-Mail: pfeiffer@webmail.de

Life-Cosmetics GmbH
Frau Annabella Gary
Invalidenstr. 54
10115 Berlin

06.08.2012

**Bewerbung als Projektmanagerin für Life-Cosmetics**
**Ihre Stellenanzeige in der Berliner Zeitung vom 04.08.2012**

Sehr geehrte Frau Gary,

1 Ihr Stellenangebot hat mich sofort angesprochen, da ich über mehrjährige Berufserfahrung im Projektmanagement für eine Herren-Kosmetikmarke verfüge und mir Ihr Unternehmen als renommierter Kosmetikhersteller bekannt ist. Daher sende ich Ihnen meine Bewerbung.

2 Ich bin 37 Jahre alt und habe 2002, nach dem ersten Staatsexamen in Jura, meine berufliche Laufbahn als Trainee der Randorff AG in Mannheim begonnen. Meine Stärken liegen in den Bereichen Marketing und Projektmanagement. Zuletzt war ich als Projektmanagerin der Deubner Cosmetics GmbH für die Einführung neuer Kosmetikmarken verantwortlich. Ich arbeite zielstrebig, selbstständig und zuverlässig. Englisch spreche ich fließend, Französisch gut. Meine Fähigkeiten in MS Office, MS Project und SAP CRM sind fundiert.

3 Im Mai 2009 ist meine Tochter Anna Maria geboren. Nach dreijähriger Elternzeit möchte ich jetzt beruflich wieder einsteigen. Die Versorgung von Anna Maria ist sichergestellt, sodass ich Vollzeit flexibel einsatzbereit bin.

Meine Gehaltsvorstellungen liegen zwischen … € und … € Jahresgehalt. Ich könnte Ihnen zum gewünschten Eintrittsdatum am 01.10.2012 zur Verfügung stehen.

Habe ich Sie mit meiner Bewerbung von meinen Qualifikationen überzeugt? Ich freue mich auf eine Einladung zum Vorstellungsgespräch.

Mit freundlichen Grüßen

*Leonie Pfeiffer*

**1 Anknüpfungspunkte zum Unternehmen**
Leonie Pfeiffer knüpft an die ausgeschriebene Stelle an, indem sie ihre langjährigen Berufserfahrungen im geforderten Aufgabenfeld erwähnt. Außerdem informiert sie darüber, dass ihr das Unternehmen als renommierter Kosmetikhersteller bekannt ist, und stellt so einen Bezug zum Unternehmen her.

**Welche Anknüpfungspunkte zum geforderten Aufgabenfeld haben Sie?**

**Welche Anknüpfungspunkte zum Unternehmen haben Sie?**

**2 Vorstellung der eigenen Person**
Obwohl Leonie Pfeiffers erstes Staatsexamen in Jura und der Berufseinstieg bereits zehn Jahre zurückliegen, erwähnt sie beide Punkte. Denn somit erfährt der Empfänger sofort, welchen Studienabschluss Frau Pfeiffer mitbringt und dass sie bei einer renommierten Kosmetikfirma (Randorff AG) ein anspruchsvolles Traineeprogramm durchlaufen hat. Zusätzlich führt sie ihre EDV- und Sprachkenntnisse auf und beschreibt, wie sie arbeitet (vgl. Lebenslauf auf S. 106 ff.).

**Welchen Ausbildungs-/Studienabschluss haben Sie?**

**Welche praktischen Berufserfahrungen bringen Sie mit?**

**Welche Fähigkeiten und Kenntnisse haben Sie zu bieten?**

**3 Wiedereinstieg nach Elternzeit**
Leonie Pfeiffer informiert direkt darüber, dass sie im Mai 2009 Mutter geworden ist und nach dreijähriger Elternzeit beruflich wieder einsteigen will. Außerdem weist sie explizit darauf hin, dass die Versorgung ihrer Tochter sichergestellt und sie deshalb flexibel und in Vollzeit einsatzbereit ist. Dieser offene Umgang mit der Ausgangssituation ist sehr sinnvoll, denn ein Personalverantwortlicher muss wissen, in welchem Umfang Frau Pfeiffer einsatzbereit und einsatzfähig ist.

**Beschreiben Sie Ihre Ausgangssituation:**

Arne Kräftig, Bienwaldstr. 16, 67658 Kaiserslautern, Tel.: 0631 1234567

TeleMarketCom Internetdienstleistungen
Frau Sophie Lück
Alte Zeche 155
66112 Saarbrücken

Kaiserslautern, 30.10.2012

**Bewerbung auf Ihr Stellenangebot**
**(Saarbrücker Zeitung vom 27. Oktober 2012)**

Sehr geehrte Frau Lück,

1 haben Sie vielen Dank für Ihre Informationen am Telefon. Wie versprochen reiche ich meine Bewerbung als Verkaufsberater für Telekommunikations-Dienstleistungen ein.

Ihr Unternehmen ist mir als einer der besten Anbieter von Internetdienstleistungen in Deutschland bekannt. Gern möchte ich mit meinem verkäuferischen Talent zum Erfolg Ihres Unternehmens beitragen.

2 Ich bringe langjährige Erfahrung als Außendienstmitarbeiter für einen Versicherungsanbieter und als Vertriebsmitarbeiter in der Pharmabranche mit. Verkauf und Vertrieb liegen mir im Blut. Es macht mir Spaß, Menschen zu beraten. Dabei gehe ich zielstrebig und abschlussorientiert vor. Ich kann mich gut organisieren, arbeite motiviert und zuverlässig.

3 Aufgrund einer Standortschließung ist mein Arbeitsplatz zum 31. Juli 2012 weggefallen. Des-
4 halb könnte ich Ihnen auch kurzfristig zur Verfügung stehen. Meine Gehaltsvorstellungen mit Fixum und Provision bespreche ich gern in einem persönlichen Gespräch mit Ihnen.

Sie wollen mich kennenlernen, um sich selbst ein Bild von mir und meinen Fähigkeiten zu machen? Mobil bin ich jederzeit erreichbar unter 0170 11223344. Ich freue mich auf Ihren Anruf!

Freundliche Grüße ins benachbarte Saarland

Arne Kräftig

### 1 Anknüpfungspunkte zum Unternehmen

Arne Kräftig hat die Empfängerin seines Anschreibens im Vorfeld angerufen. Als Verkaufsberater ist das besonders sinnvoll, denn im Vertrieb wird bei der späteren Tätigkeit viel mit dem Telefon gearbeitet. Arne Kräftig zeigt damit Initiative und Verbindlichkeit. Zudem erwähnt er, dass ihm das Unternehmen als einer der besten Anbieter von Internetdienstleistungen bekannt ist, und signalisiert damit, dass er sich über das Unternehmen informiert hat.

**Haben Sie im Vorfeld Ihrer Bewerbung beim Unternehmen angerufen? Wenn ja, formulieren Sie einen entsprechenden Anknüpfungssatz:**

**Was haben Sie im Vorfeld Ihrer Bewerbung über das Unternehmen herausgefunden? Formulieren Sie einen entsprechenden Anknüpfungssatz:**

### 2 Abgebrochenes Studium

Arne Kräftig hat sein Studium der Betriebswirtschaftslehre nach dem Vordiplom abgebrochen (vgl. Lebenslauf auf S. 98 ff.). Doch das spielt in einem Anschreiben keine Rolle, denn in der Stellenanzeige wurde kein Studienabschluss gefordert. Andernfalls hätte Arne Kräftig in seinem Telefongespräch im Vorfeld persönlich klären müssen, ob seine Bewerbung trotz fehlendem Studienabschluss eine Chance auf Erfolg hat.

### 3 Kürzere Arbeitslosigkeit

Arne Kräftig ist seit fast drei Monaten ohne Anstellung und somit Arbeit suchend. Er erwähnt seine Ausgangssituation direkt und gibt auch den Grund für die Beendigung seines vorherigen Arbeitsverhältnisses an. Der offene Umgang mit der Ausgangssituation ist sinnvoll, denn sie erhöht die Glaubwürdigkeit von Arne Kräftig und damit die Chance auf ein Vorstellungsgespräch.

**Beschreiben Sie Ihre Ausgangssituation:**

### 4 Gehaltsvorstellungen

Arne Kräftig nennt in seinem Anschreiben keinen konkreten Gehaltswunsch. Er verweist auf seine Bereitschaft, in einem persönlichen Gespräch über seine Vorstellungen zu Fixum und Provisionsanteil zu sprechen.
Im Vertriebsbereich werden Gehälter in aller Regel in Fixum und Provisionsanteil gezahlt. Und die Verhandlung darüber findet meist im persönlichen Gespräch statt. Deshalb ist das Vorgehen von Arne Kräftig durchaus legitim.

**In welcher Form und gegebenenfalls in welcher Höhe geben Sie Ihre Gehaltsvorstellungen an?**

Angelika Plessar
Am Fuchsgrund 11
06246 Delitzsch
Tel.: 0351 111222333
E-Mail: a.plessar@webprovider.de

Ravensteiner Handelsgesellschaft mbH
Frau Elsbeth Wurzer
Pirnaer Str. 95
01235 Dresden

06.02.2012

**Bewerbung als Assistentin des Geschäftsführers**
**Ihr Stellenangebot unter www.stellenvermittlung.de**

Sehr geehrte Frau Wurzer,

die Tätigkeiten, die Sie in Ihrem Stellenangebot beschreiben, entsprechen genau meiner Ausbildung und Erfahrung. Speziell weil Sie Handelsbeziehungen nach Osteuropa unterhalten, denke ich, dass meine Qualifikationen für Sie interessant sind.

1 Ich bin 46 Jahre alt und habe im Bereich Assistenz und Sekretariat jahrelange Erfahrung. Meine Ausbildung zur Facharbeiterin für Schreibtechnik absolvierte ich noch zu DDR-Zeiten. Danach war ich bei verschiedenen Industrieunternehmen als Sekretärin im Exportbereich tätig. Zuletzt war ich Exportsachbearbeiterin bei der Cowatco KG, einer Maschinenbaufirma in der Region
2 Leipzig/Halle. Aufgrund einer Standortverlagerung fiel mein Arbeitsplatz zum 31.08.2010 weg. Nach einer viermonatigen Auszeit, in der ich Vietnam bereiste, suche ich aktiv eine neue berufliche Aufgabe. Parallel habe ich meine Computerkenntnisse aufgefrischt und erweitert.

3 Warum Sie mich als Assistentin des Geschäftsführers einstellen sollten? Weil meine Stärken in der Organisation und Kommunikation liegen. Ich beherrsche die russische Sprache fließend in Wort und Schrift und bringe zudem gute Polnischkenntnisse mit. Auch in turbulenten Zeiten bewahre ich den Blick fürs Wesentliche.

4 Ich könnte Ihnen sofort zur Verfügung stehen. An der Assistentinnenstelle bin ich besonders interessiert. Sollten Sie aber einen anderen Einsatzbereich für mich haben, dann komme ich auch dafür gern zu einem Gespräch!

Freundliche Grüße aus Delitzsch

*Angelika Plessar*

### 1 Vorstellung der eigenen Person

Angelika Plessar formuliert kurz und knapp, welche Ausbildung sie absolviert hat und wo sie welche Berufserfahrung gesammelt hat. Sicherlich hätte Angelika Plessar auch noch erwähnen können, dass sie eine zweijährige Weiterbildung zur Fremdsprachensekretärin absolviert hat (vgl. Lebenslauf auf S. 102 ff.).

**Welche Ausbildung haben Sie abgeschlossen?**

**Wo haben Sie welche Berufserfahrung gesammelt?**

**Verfügen Sie über eine Weiterbildung, die für die ausgeschriebene Stelle wichtig ist?**

### 2 Längere Arbeitslosigkeit

Angelika Plessar ist bereits mehr als eineinhalb Jahre arbeitslos. Sie erwähnt ihre Ausgangssituation dennoch direkt, gibt den Grund für die Beendigung ihres vorherigen Arbeitsverhältnisses an und informiert darüber, was sie in den vergangenen Monaten gemacht hat. Der offene Umgang mit der langen Arbeitslosigkeit ist sinnvoll, denn sie erhöht die Glaubwürdigkeit von Angelika Plessar und damit die Chance auf ein Vorstellungsgespräch.

**Beschreiben Sie Ihre Ausgangssituation:**

### 3 Warum Sie mich einstellen sollten!

Angelika Plessar bringt hier noch einmal auf den Punkt, warum das Unternehmen gerade sie einstellen sollte. Dabei hebt sie besonders ihre Sprachkenntnisse in Russisch und Polnisch hervor, die für die Stelle wichtig und bei Bewerbern nicht so häufig zu finden sind.

**Welche besonderen Fähigkeiten, die für die ausgeschriebene Stelle wichtig sind, bringen Sie mit?**

### 4 Hinweis auf andere Einsatzbereiche

Am Ende ihres Anschreibens signalisiert Angelika Plessar neben ihrem Interesse an der ausgeschriebenen Assistentinnenstelle zusätzlich ihre Bereitschaft für andere Einsatzbereiche. Damit zeigt sie eine hohe Flexibilität und ihren Einsatzwillen.

**Können Sie sich – aus längerer Arbeitslosigkeit kommend – auch andere Einsatzbereiche vorstellen? Wenn ja, welche?**

Frank Knappe, Baumstraße 4, 80469 München, Tel.: 089 1234567,
E-Mail: frank.knappe@net.com

Motorenteile Haupt GmbH
Herrn Andreas Michel
Industriestraße 27
81245 München

17.01.2012

**Zuverlässiger, erfahrener Projekt-Einkäufer für Ihr Unternehmen**
**Ihre Stellenanzeige in der Süddeutschen Zeitung vom 14.01.2012**

Sehr geehrter Herr Michel,

vielen Dank für das freundliche Telefongespräch und Ihr Interesse an meinen Bewerbungsunter-
1 lagen. Ihre Stellenanzeige hat mich angesprochen, da mir die Motorenteile Haupt GmbH durch
einen Artikel im Wirtschaftsteil der Tageszeitung als erfolgreicher Produzent von Elektronikbau-
teilen für Motoren und als Top-Arbeitgeber in der Region bekannt ist.

Ich bin 44 Jahre alt, gelernter Industriekaufmann und Fachkaufmann Einkauf/Materialwirtschaft
(IHK). In meiner jetzigen Tätigkeit verantworte ich den Einkauf von Elektronikbauteilen bis zu
einem Volumen von 3 Mio. €. Ich habe fundierte Kenntnisse in der Beschaffungsmarktanalyse,
Erfahrungen in Kostenoptimierung und Verhandlungsgeschick. Den asiatischen Beschaffungs-
markt kenne ich gut. Englisch spreche ich fließend, meine Kenntnisse in SAP R/3 sowie MS Of-
2 fice sind fundiert. Ich arbeite selbstständig, zuverlässig und genau. Die Bereitschaft zu Dienstrei-
sen bringe ich mit.

3 Mein heutiger Arbeitgeber muss marktbedingt drastische Verkleinerungen umsetzen. Durch die
4 notwendige betriebliche Umstrukturierung fällt mein Arbeitsplatz zum 30.06.2012 weg. Deshalb
könnte ich Ihnen auch kurzfristig zur Verfügung stehen. Meine Gehaltsvorstellungen liegen bei
5 … € pro Jahr.

Habe ich Ihr Interesse geweckt? Weitere Fragen beantworte ich Ihnen gerne in einem persönlichen Gespräch. Ich freue mich auf Ihre Antwort.

Mit freundlichen Grüßen

Frank Knappe

## 1 Anknüpfungspunkte zum Unternehmen

Frank Knappe hat den Personalverantwortlichen im Vorfeld seiner Bewerbung angerufen und nimmt Bezug auf dieses Telefongespräch. Dadurch steigert er seine Chance auf eine Einladung zum Vorstellungsgespräch, denn der Personaler wird sich an Herrn Knappe erinnern. Außerdem bezieht sich Frank Knappe auf einen Artikel im Wirtschaftsteil der Tageszeitung und signalisiert damit, dass er über das Unternehmen informiert ist.

**Haben Sie im Vorfeld Ihrer Bewerbung beim Unternehmen angerufen? Wenn ja, formulieren Sie einen entsprechenden Anknüpfungssatz:**

______

______

______

**Was haben Sie im Vorfeld Ihrer Bewerbung über das Unternehmen herausgefunden? Formulieren Sie einen entsprechenden Anknüpfungssatz:**

______

______

______

## 2 Bereitschaft zu Dienstreisen

Frank Knappe hat die Stellenanzeige aufmerksam gelesen und geht in seinem Anschreiben auf die besondere Anforderung »Bereitschaft zu Dienstreisen« ein. Das ist unbedingt sinnvoll. Beachten auch Sie alle besonderen Anforderungen in einer Stellenanzeige und gehen Sie darauf ein.

**Welche besonderen Anforderungen spielen bei der für Sie interessanten Stellenausschreibung eine Rolle?**

______

## 3 Gekündigtes Arbeitsverhältnis

Frank Knappe steht in einem bereits gekündigten Arbeitsverhältnis (vgl. Lebenslauf auf S. 116 ff.). Er geht offen mit dieser Situation um und informiert den Empfänger seiner Bewerbung darüber, warum das Arbeitsverhältnis mit ihm aufgekündigt wurde. So steigert er seine Glaubwürdigkeit und damit seine Chance auf ein Vorstellungsgespräch.

**Wie beschreiben Sie Ihre Ausgangssituation?**

______

______

______

______

## 4 Frühestmöglicher Eintrittstermin

Frank Knappe ist durch sein bereits aufgekündigtes Arbeitsverhältnis in der Lage, einem neuen Arbeitgeber auch kurzfristig zur Verfügung zu stehen. Denn sein aktueller (Noch-)Arbeitgeber darf ihn rein rechtlich – trotz eventueller Kündigungsfristen – nicht daran hindern, auch kurzfristig eine neue Arbeitsstelle anzutreten.

**Wann können Sie einem neuen Arbeitgeber frühestmöglich zur Verfügung stehen?**

______

## 5 Gehaltsvorstellungen

In der ausgeschriebenen Stelle wurde die Angabe der Gehaltsvorstellungen verlangt. Frank Knappe gibt seinen Gehaltswunsch als Bruttojahresgehalt an. Das ist bei höher dotierten (Akademiker-)Positionen üblich.

**Welche Gehaltsvorstellungen haben Sie?**

______

______

Maike Renningsen
Obere Beeke 25
26130 Oldenburg
Tel.: 0441 223334444

Gemeindeverwaltung Wiesmoor
Referat Personal
Frau Neele Claaß
Gärtnereiweg 8
26639 Wiesmoor

Oldenburg, 9. Mai 2012

**Bewerbung als Erzieherin im kommunalen Kindergarten Wiesmoor**

Sehr geehrte Frau Claaß,

in der „Nordwest-Zeitung" wurde ich auf Ihre Stellenausschreibung aufmerksam. Sie suchen eine Erzieherin für die zweite Gruppe des kommunalen Kindergartens. Diese Tätigkeit sagt mir sehr zu, deshalb bewerbe ich mich hiermit darauf.

1 Zu meiner Person: Ich bin 23 Jahre alt und von Beruf Erzieherin. Seit fast drei Jahren leite ich die dritte Gruppe des städtischen Kindergartens in Delmenhorst.

2 Dass ich als Erzieherin gut mit Kindern zurechtkomme, ist selbstverständlich. Darüber hinaus bin ich kreativ und einfallsreich. Gerade bei anstehenden Festen, an Weihnachten und Ostern, zu Kindergeburtstagen und Gemeindefesten habe ich immer Ideen, mit welchen Aktionen man die Kinder zum Mitmachen motivieren kann. Außerdem bin ich praktisch veranlagt: Mit kleineren Katastrophen (Verletzungen, Streitereien zwischen den Kindern etc.), wie sie im Kindergartenalltag eben hin und wieder vorkommen, kann ich gut umgehen. Meist finde ich schnell eine Lösung, sodass es nicht zur großen Katastrophe kommt.

3 Die neue Stelle könnte ich gleich ab dem 1. Juni antreten, denn mein derzeitiger Arbeitsvertrag ist wegen Mutterschaftsvertretung befristet und läuft diesen Monat aus. Sie wollen mich kennen-
4 lernen? Dann freue ich mich, wenn Sie mich zum Vorstellungsgespräch einladen. Ich bin telefonisch unter der Rufnummer: 0441 223334444 (AB) erreichbar.

Mit freundlichen Grüßen nach Ostfriesland

*Maike Renningsen*

### 1 Vorstellung der eigenen Person

Maike Renningsen steht als junge Erzieherin am Anfang ihrer Berufslaufbahn. Sie beschreibt ihrem Alter angemessen den Berufsalltag in der Kindergruppe, die sie leitet. Dadurch erhält der Personalverantwortliche einen guten Überblick über die Fähigkeiten und Eignung von Maike Renningsen.

**Wie sieht Ihr Berufsalltag aus und welche Aufgaben haben Sie zu erledigen?**

**Welche Fähigkeiten und Eigenschaften sind für die Aufgabenerledigung nötig?**

### 2 Weitere Fähigkeiten

Maike Renningsen hätte sicherlich noch erwähnen können, dass sie den großen Erste-Hilfe-Kurs bei den Maltesern (2010) absolviert hat (vgl. Lebenslauf auf S. 114).

**Welche weiteren, für die ausgeschriebene Stelle wichtigen Fähigkeiten haben Sie zu bieten?**

### 3 Befristeter Arbeitsvertrag

Maike Renningsen informiert den Personalverantwortlichen darüber, dass sie in einem befristeten Arbeitsverhältnis steht. Damit bleiben keine Fragen zur Bewerbungsmotivation offen. Außerdem zieht Maike Renningsen aus ihrer Situation einen Vorteil für den potenziellen Arbeitgeber: Sie kann zum gewünschten kurzfristigen Anfangsdatum zur Verfügung stehen.

**Wie beschreiben Sie Ihre Ausgangssituation?**

### 4 Aufforderung zum Handeln

Maike Renningsen fordert den Personalverantwortlichen zum Handeln auf, indem sie ihre Freude ausdrückt, wenn er sie zum Vorstellungsgespräch einlädt. Zudem gibt sie gleich noch ihre (unbedingt private) Telefonnummer an, unter der sie – auch über den Anrufbeantworter (AB) – zu erreichen ist.

**Wie fordern Sie den Empfänger Ihres Anschreibens zum Handeln auf?**

**Geben Sie Ihre Kontaktdaten an, unter denen Sie erreichbar sind:**

Hans Lehmann, Lindenallee 3, 20100 Hamburg, Tel.: 040 1234567,
E-Mail: lehmann@net.com

Trachtenhaus Bernauer AG
Frau Anette Bernauer
Karlsplatz 19–21
80998 München

10.01.2012

**Bewerbung als Leiter der Personalabteilung**
**Ihre Ausschreibung in der Süddeutschen Zeitung vom 7. Januar 2012**

Sehr geehrte Frau Bernauer,

1 da ich eine neue berufliche Herausforderung suche und aus persönlichen Gründen gern nach München ziehen möchte, bewerbe ich mich auf Ihr Stellenangebot.

2 Ich bin 45 Jahre alt und Diplom-Betriebswirt. Seit fast 17 Jahren arbeite ich im Personalwesen, in den verschiedensten Branchen: Medien, Industrie, Handel, seit zwölf Jahren in leitender Funktion. Am besten bin ich mit dem Einzelhandel vertraut: Seit sieben Jahren bin ich stellvertretender Personalchef einer großen Einzelhandelskette.

3 Die Herausforderungen des Einzelhandels sind mir gut bekannt: Es ist nicht leicht, qualifizierte Mitarbeiter zu finden und zu motivieren. Dafür ist in erster Linie der Personalchef verantwortlich. Gleichzeitig muss er Kosten senken und die Produktivität steigern. An Ihrem Haus gefällt mir, wie Sie mit Ihren Mitarbeitern umgehen: Trotz Einzelhandelsflaute haben Sie betriebsbedingte Kündigungen vermieden und Einschnitte nur bei kurzfristigen Aushilfskräften gemacht. Das ist Personalpolitik, wie ich sie gern fortführen möchte. Mit Personalauswahl, Einsatzoptimierung, Aus- und Weiterbildung kenne ich mich ebenso gut aus wie mit den Themen Mitarbeitervergütung, Steuern und Sozialversicherungen.

4 Gern komme ich zu einem Kennenlern-Gespräch. Ich freue mich, von Ihnen zu hören!

Beste Grüße nach München

*Hans Lehmann*

### 1 Bewerbungsmotivation

Hans Lehmann nennt bereits im ersten Satz des Anschreibens seine Bewerbungsmotivation: den Wunsch, aus persönlichen Gründen nach München ziehen zu wollen. Damit weiß der Personalverantwortliche sofort, warum sich Hans Lehmann aus einem ungekündigten, offensichtlich guten Arbeitsverhältnis wegbewirbt.

**Welche Bewerbungsmotivation haben Sie?**

### 2 Vorstellung der eigenen Person

In der Selbstvorstellung nennt Hans Lehmann sein Alter, seinen Studienabschluss und seine fast 17-jährige Berufserfahrung im geforderten Arbeitsfeld: dem Personalwesen. Besonderes Gewicht legt Hans Lehmann dabei auf seine langjährige Berufserfahrung (vgl. Lebenslauf auf S. 110 ff.). Das ist sinnvoll, denn im Personalwesen sind umfangreiche Erfahrungen von Vorteil.

**Über welche einschlägige Berufserfahrung verfügen Sie?**

### 3 Anknüpfungspunkte zur Position

Hans Lehmann schafft einen Bezug zur ausgeschriebenen Position, indem er die besonderen Herausforderungen innerhalb der Personalarbeit im Einzelhandel benennt.

Außerdem erwähnt Hans Lehmann, dass es ihm gefällt, wie das Unternehmen bei der Bewältigung der Herausforderungen mit seinen Mitarbeitern umgeht.

**Was gefällt Ihnen an der Stelle und an dem Unternehmen, bei dem Sie sich bewerben?**

### 4 Kündigungsfristen

Da Hans Lehmann in einem ungekündigten Arbeitsverhältnis steht, hätte er am Ende seines Anschreibens noch einen Hinweis darauf geben können, dass er innerhalb der gesetzlichen Kündigungsfristen – ggf. nach Absprache mit seinem jetzigen Arbeitgeber auch früher – zur Verfügung stehen kann.

**Ab wann können Sie dem potenziellen neuen Arbeitgeber frühestmöglich zur Verfügung stehen?**

Peter Raat
Elektrotechnikermeister
Buchenweg 2, 38723 Seesen, Tel.: 05381 44332211, E-Mail: p.raabe@netline.de

Fixa Hausgeräte GmbH
Frau Sabine Lothgeber
Pillauer Landstr. 34
10245 Berlin

Seesen, 10.01.2012

**Bewerbung als Kundendienst-Techniker für den Raum Hannover**

Sehr geehrte Frau Lothgeber,

in der Hannoverschen Allgemeinen vom 8. Januar habe ich Ihre Stellenanzeige gelesen – und sofort Lust bekommen, als Kundendienst-Techniker für den Raum Hannover bei Ihrer Firma zu arbeiten. Deshalb schicke ich Ihnen meine Bewerbung auf die offene Stelle.

1 Ich bin fast 49 Jahre alt und Elektrotechnikermeister. Bis vor Kurzem war ich als Handwerker selbstständig – was nun nicht mehr möglich ist, weil sich meine Frau aus gesundheitlichen Gründen nicht mehr um das Büro kümmern kann. Aber Sie können sich vorstellen: Der Servicegedanke ist mir nicht fremd. Jahrelang war er die Grundlage meiner Existenz. Speziell Einbau, Reparatur und Wartung von Haushaltsgeräten sind mein Metier.

2 Den Schritt von der Selbstständigkeit zurück in eine Anstellung habe ich mir gut überlegt. Ich will für ein Unternehmen tätig sein, dessen Produkte höchste Ansprüche erfüllen. Fixa-Geräte werden diesen Anforderungen gerecht – das weiß ich aus meiner jahrelangen Praxis.

3 Wenn Sie einen Mitarbeiter suchen, der kontaktfreudig und einsatzbereit ist, für den kundenge-
rechtes Verhalten kein Fremdwort ist und der Überstunden oder Bereitschaftsdienste nicht
scheut, dann habe ich Ihnen einiges zu bieten. Selbstverständlich verfüge ich über einen Führer-
4 schein der Klasse 3. Mein Gehaltswunsch beträgt … € im Jahr. Ich könnte kurzfristig, am
1. Feburar 2012, bei Ihnen anfangen.

Darf ich mich bei Ihnen persönlich vorstellen?

*Peter Raat*

### 1 Vorstellung der eigenen Person

Peter Raat bewirbt sich aus einer langjährigen Selbstständigkeit zurück in eine Angestelltentätigkeit. Das ist ein Schritt, dessen Beweggründe er nachvollziehbar erklären muss. Offene Worte sind dafür angebracht (vgl. Lebenslauf auf S. 120 ff.). Peter Raat nennt deshalb direkt den Grund für seine Entscheidung (Gesundheit seiner Frau). Außerdem bekundet er, dass er sich den Schritt zurück in eine Anstellung gut überlegt habe.
Als Vorteil für den potenziellen Arbeitgeber führt Peter Raat eine der wesentlichen Voraussetzungen für eine erfolgreiche Selbstständigkeit auf: eine große Bereitschaft zum Kundenservice.

**Welche Gründe führen Sie dazu, sich aus der Selbstständigkeit zurück in eine Anstellung zu bewerben?**

### 2 Anknüpfungspunkt zum Unternehmen

Als Bezug zum Unternehmen führt Peter Raat die hohe Qualität der Produkte auf, die er aus eigener Praxis kennt und schätzt.

**Welche Anknüpfungspunkte haben Sie zum Unternehmen?**

### 3 Eigenschaften, Fähigkeiten und Eignung

Hier beschreibt Peter Raat zwei Aspekte, die für die Position als Kundendienst-Techniker unverzichtbar sind: eine hohe Kundenorientierung und eine große Einsatzbereitschaft. Beide Punkte werden durch seine langjährige erfolgreiche Selbstständigkeit hinreichend belegt.

**Welche Ihrer Eigenschaften und Fähigkeiten sprechen für Ihre Eignung?**

### 4 Gehaltsvorstellungen, Eintrittstermin

Seinen Gehaltswunsch gibt Peter Raat als Eurobetrag im Jahr an. Außerdem erwähnt er seine kurzfristige Verfügbarkeit. Dank dieser Angaben kann ein Personalverantwortlicher planen.

**Welchen Gehaltswunsch haben Sie?**

**Wann ist Ihr frühestmöglicher Eintrittstermin?**

Luan Wang
Turmstraße 30, 60385 Frankfurt am Main, Tel.: 069 12233445, E-Mail: lwang@net.de

Bankhaus Meyer International
Kapitalmarktgeschäfte
Herrn Axel Rast
Westendstraße 20
60325 Frankfurt am Main

Frankfurt am Main, 24.04.2012

**Bewerbung als Diplom-Volkswirtin für den Bereich Finanzmanagement**

Sehr geehrter Herr Rast,

in der „Frankfurter Allgemeinen Zeitung“ vom 21.04.2012 habe ich Ihr Stellenangebot gelesen. Als 33-jährige Diplom-Volkswirtin suche ich die Chance auf eine verantwortungsvolle Position in Deutschland. Daher bewerbe ich mich bei Ihnen.

1 Ich bin in China geboren, wo ich ein Studium zum Bachelor of Arts of Finance absolviert habe. Seit Juni 2003 lebe ich in Deutschland. Hier habe ich im März 2008 mein Diplom der Volkswirtschaftslehre an der Goethe-Universität Frankfurt erlangt. Seither arbeite ich für die China Construction Bank Corporation, Niederlassung Frankfurt, mit regelmäßigen Dienstreisen nach Peking und Wuhan.

Meine Stärken liegen im Finanzmanagement und der Ökonometrie. Ich bin vertraut mit den
2 EDV-Programmen MS Office, Eviews, TSP, Stata, Matlab und SAS. Chinesisch ist meine Mut-
3 tersprache, Deutsch und Englisch beherrsche ich verhandlungssicher. Ich arbeite zuverlässig,
motiviert und gerne im Team. Eine Aufenthalts- und Arbeitserlaubnis für Deutschland habe ich.

Ich kann Ihnen zum 1. Juli 2012 zur Verfügung stehen. Meine Gehaltsvorstellungen liegen bei … € pro Jahr. In einem persönlichen Gespräch überzeuge ich Sie gern von meinem Potenzial. Ich freue mich auf Ihre Antwort.

Mit freundlichen Grüßen

*Luan Wang*

## 1 Vorstellung der eigenen Person

Luan Wang ist chinesische Staatsbürgerin und bewirbt sich für eine Arbeit in Deutschland. Deshalb erwähnt sie gleich zu Beginn des Anschreibens, dass sie bereits seit 2003 in Deutschland lebt, dort studiert hat und aktuell für eine chinesische Bank in Frankfurt arbeitet. Damit signalisiert Luan Wang dem Empfänger, dass sie sich in Deutschland gut zurechtfindet.

**Wo sind Sie geboren und seit wann leben Sie in Deutschland?**

**Was haben Sie bislang in Deutschland gemacht?**

## 2 Sprachkenntnisse

Als ausländische Bewerberin muss Luan Wang erwähnen, wie gut sie – neben ihrer Muttersprache Chinesisch – die deutsche Sprache beherrscht. Das ist wichtig, damit der Personalverantwortliche einschätzen kann, wie gut sich Frau Wang in einem Arbeitsteam integrieren kann. In ihrem Lebenslauf (vgl. S. 122 ff.) erwähnt Luan Wang zusätzlich, wo und wie lange sie Deutsch gelernt hat.

**Wie gut beherrschen Sie die deutsche Sprache?**

**Welche weiteren Sprachen sprechen Sie – und wie gut?**

## 3 Aufenthalts- und Arbeitserlaubnis

Luan Wang weiß, dass ein deutsches Unternehmen Bewerber ohne deutsche Staatsbürgerschaft nur einstellen kann, wenn eine gültige Aufenthalts- und Arbeitserlaubnis vorliegt. Liegen diese Papiere einem Bewerber nicht vor, kann ein Personalverantwortlicher keine Einstellung vornehmen. Deshalb erwähnt Luan Wang explizit, dass sie über die entsprechende Erlaubnis verfügt.

**Verfügen Sie über eine gültige Aufenthalts- und Arbeitserlaubnis und wie lange sind diese Papiere gültig?**

Andreas Müller, Schulstraße 33, 40213 Düsseldorf, Tel.: 07231 123456,
E-Mail: a.mueller@net.com

Institut für Umweltfragen
Herrn Karl Haller
Bahnhofstraße 56
44137 Dortmund

21.03.2012

**Bewerbung als Diplom-Chemiker für den Bereich Umweltfragen**
**Ihre Ausschreibung in der Westdeutschen Allgemeinen Zeitung vom 17. März 2012**

Sehr geehrter Herr Haller,

mit großem Interesse habe ich Ihre Ausschreibung gelesen. Ihr Institut ist mir durch
1 meine Berufstätigkeit als Chemiker sowie mein ehrenamtliches Engagement beim Bund für
Umwelt und Naturschutz e. V. seit Jahren bekannt.

Ich bin 32 Jahre alt und arbeitete zuletzt als Diplom-Chemiker im Bereich der Umweltchemie. Mein Aufgabengebiet umfasste die Untersuchung der Verteilung von umweltgefährlichen Stoffen und Umweltgiften in der Luft, im Boden und in Gewässern.

2 Nach fünfjähriger Berufstätigkeit habe ich mich im Februar 2011 dazu entschlossen, ein Auszeit-
jahr zu nehmen und Australien zu bereisen. Dort habe ich Einblicke in eine andere Kultur, eine
faszinierende Natur und eine Vielzahl von Umweltprojekten bekommen. Seit Kurzem bin ich
wieder zurück in Deutschland und könnte Ihnen sofort zur Verfügung stehen.

Ich spreche fließend Englisch, bringe fundierte Kenntnisse in softwaregestützten messtechni-
3 schen Verfahren mit und arbeite zuverlässig und genau. Als Referenz nenne ich Ihnen Herrn
Dr. Michael Neubert (Tel.: 0123 123456-78). Er gibt Ihnen gern Auskunft über mich.

Habe ich Ihr Interesse geweckt? Ich freue mich auf ein Vorstellungsgespräch.

Mit freundlichen Grüßen aus Düsseldorf

*Andreas Müller*

### 1 Anknüpfungspunkte zum Unternehmen

Andreas Müller schafft gleich im ersten Absatz Nähe zum potenziellen Arbeitgeber, indem er erwähnt, dass er das Institut für Umweltfragen durch seine Berufstätigkeit als Chemiker und durch sein ehrenamtliches Engagement im Umweltbereich seit Jahren kennt.

**Woher kennen Sie das Unternehmen, bei dem Sie sich bewerben?**

### 2 Sabbatical (Auszeitjahr)

Andreas Müller hat nach fünfjähriger Berufstätigkeit ein Auszeitjahr gemacht, um eine große Reise zu unternehmen. Ein solches Sabbatical, d.h. eine mehr oder weniger lange, selbst gewählte Auszeit, ist heutzutage in verschiedenen Branchen und Tätigkeitsbereichen möglich und durchaus üblich. Andreas Müller informiert den Empfänger seines Anschreibens darüber, dass er auf seiner Reise u.a. eine Vielzahl von Umweltprojekten kennengelernt hat.

**Wofür haben Sie eine Auszeit genommen und was haben Sie gemacht, das evtl. für den potenziellen Arbeitgeber von Interesse sein könnte?**

### 3 Nennung von Referenzgebern

Andreas Müller nennt eine Referenzperson, die Auskunft über ihn und seine Fähigkeiten geben kann. Besonders nach einem längeren Sabbatical ist das sinnvoll, wenn die Leerlaufphase zwischen der letzten Anstellung und der aktuellen Bewerbungsphase viele Monate beträgt.
Personalverantwortliche schätzen die Angabe von Referenzpersonen, da sie diese gezielt befragen können.
In vielen Ländern der Welt sind Referenzen deshalb sogar üblicher als Arbeitszeugnisse (USA, England, Australien, Schweiz etc.). Mehr als drei Referenzen sind nicht üblich.
Natürlich hat Andreas Müller sich zuvor vergewissert, dass der Referenzgeber auch dazu bereit ist, Auskunft über ihn zu geben.

**Wen können Sie als Referenzgeber nennen?**

Lukas Müller
Radenhoffgasse 19
34130 Kassel
Tel.: 0561 2223334
lukas19.mueller@provider-net.de

Livotech Drehteile GmbH & Co. KG
Herrn Benno Livertz
Sollingstr. 12–16
34135 Kassel

Kassel, 19. März 2012

1 **Initiativbewerbung um einen Ausbildungsplatz als Industriemechaniker**

2 Sehr geehrter Herr Livertz,

3 in einem Artikel der „Hessischen Allgemeinen" vom 3. März 2012 habe ich gelesen, dass Sie in Ihrem Betrieb Industriemechaniker ausbilden. Maschinenschlosser – das will ich gern sein. Deswegen bewerbe ich mich bei Ihnen um einen Ausbildungsplatz. Über die Ausbildung in Ihrem Betrieb habe ich schon viel Lob gehört.

4 Ich bin in der 10. Klasse und stehe kurz vor dem Realschulabschluss. An Maschinen und Geräten tüftle ich schon immer gern. Außerdem repariere ich Nähmaschinen, Gangschaltungen oder Fahrräder – alles, womit meine Eltern, Schwestern und Freunde zu mir kommen, wenn es nicht läuft. Dass ich in solchen Dingen geschickt bin, können auch alle bestätigen. Außerdem habe ich Spaß am Umgang mit Computern.

5 Bitte lassen Sie sich durch meine Zeugnisse nicht abschrecken – die Theorie liegt mir nicht so sehr. Aber dafür bin ich gut in der Praxis. Gern komme ich in den Osterferien für ein paar Tage
6 Probearbeit! Ich freue mich, wenn Sie mich zum Vorstellungsgespräch einladen.

Mit freundlichen Grüßen

*Lukas Müller*

**Anlagen** Lebenslauf
Zwischenzeugnis der Klasse 10
Praktikumsbescheinigung

### 1 Die Betreffzeile

Mit der Betreffzeile informiert Lukas Müller darüber, dass es sich bei seiner Bewerbung um eine Initiativbewerbung für einen Ausbildungsplatz zum Industriemechaniker handelt. Damit erleichtert er dem Empfänger die Zuordnung seines Schreibens.

**Wie lautet Ihre Betreffzeile?**

### 2 Die Anrede

Lukas Müller hat sich die Mühe gemacht, herauszufinden, wer der Ansprechpartner im Unternehmen ist. Das ist sehr zu empfehlen, besonders wenn der Name des Ansprechpartners einfach herauszufinden ist. Denn damit signalisiert Lukas Müller, dass er sich das Unternehmen bewusst gesucht hat und es sich bei seiner Initiativbewerbung um keine Massensendung handelt. »Sehr geehrte Damen und Herren« sollten Sie nur dann wählen, wenn Sie wirklich keinen Namen herausfinden können.

**Wie heißt Ihr Ansprechpartner?**

### 3 Motivation für die Bewerbung

Gleich zu Beginn seines Anschreibens erwähnt Lukas Müller, dass er schon viel Lob über die Ausbildung in dem Betrieb gehört hat. Das ist ein guter Anknüpfungspunkt, um Interesse zu wecken. Außerdem zeigt er damit, dass er motiviert ist, seine Ausbildung gerade in diesem Unternehmen zu absolvieren.

**Welche Motivation haben Sie für Ihre Bewerbung?**

### 4 Vorstellung der eigenen Person

Lukas Müller steht vor dem Abschluss der Realschule. Er verbindet die Vorstellung seiner Person mit der Beschreibung seiner Fähigkeiten. Dabei erwähnt er, was er in seiner Freizeit gerne und gut macht. Ein Personalverantwortlicher bekommt so einen Eindruck von seinen Neigungen und seiner Eignung.

**Welche Fähigkeiten haben Sie, die für Ihre Ausbildungsstelle wichtig sind?**

### 5 Schwachpunkt: schlechte Noten

Lukas Müller scheint in der Schule nicht so gut zu sein. Damit geht er ganz offen um, was unbedingt sinnvoll ist, denn der Personalverantwortliche sieht die Noten im beigelegten Zeugnis der 9. Klasse ohnehin. Wichtig ist, dass Lukas Müller nicht nur seine Theorieschwäche erwähnt, sondern gleichzeitig seine Praxisstärke betont.

**Haben Sie einen Schwachpunkt und wodurch können Sie ihn ausgleichen?**

### 6 Probearbeiten

Eine gute Möglichkeit, etwaige Vorbehalte (hier: Theorieschwäche) auszuräumen, ist, die Bereitschaft zum Probearbeiten zu signalisieren. Der Personalverantwortliche kann sich so selbst ein Bild von Lukas Müller machen.

Svenja Koch · Hirschbergweg 11 · 44388 Dortmund
Tel.: 0231 111222333 · Mobil: 0171 123456789 · E-Mail: s.koch@webmail.de

Kanzlei Söhnke, Scherbaum & Partner
Herrn Dr. Wolfgang Söhnke
Darmstädter Straße 95
60311 Frankfurt

06.08.2012

**Initiativbewerbung als Rechtsanwältin in Ihrer Kanzlei**

1 Sehr geehrter Herr Dr. Söhnke,

2 in der Frankfurter Rundschau vom 21.07.2012 stieß ich auf einen Bericht über Ihre Kanzlei, der erwähnte, dass Sie aktuell Nachwuchsanwälte suchen. Die Kanzlei Söhnke, Scherbaum & Partner ist mir als international erfolgreiche Großkanzlei bekannt, in der ich gern meine berufliche Laufbahn fortsetzen möchte.

3 Ich bin Rechtsassessorin, 31 Jahre alt und habe soeben mein Referendariat in Nordrhein-Westfalen abgeschlossen. Meine Studienzeit begann in Frankfurt, führte mich nach New York, wo ich den Titel Master of Law (LL. M.) sowie die amerikanische Anwaltszulassung erwarb, und schließlich nach Berlin. Während des Referendariats arbeitete ich in meiner Wahlstation Müller, Dietrichs & Schaudt, einer auf internationales Handelsrecht spezialisierten Großkanzlei in Köln, vor allem im Bereich des Marken- und Wettbewerbsrechts. Hier reifte auch mein Entschluss, später ebenfalls für eine Großkanzlei zu arbeiten und mich auf das Wettbewerbsrecht zu spezialisieren.

4 Neben meinen fachlichen Qualifikationen schätzen meine bisherigen Ausbildungsleiter und -leiterinnen vor allem meine Teamfähigkeit, meine Verlässlichkeit und mein Organisationstalent. Mit dem Stress und Druck in einer internationalen Großkanzlei kann ich gut umgehen.

Habe ich Sie mit meiner Bewerbung von meinen Qualifikationen überzeugt? Ich freue mich über eine Einladung zum Vorstellungsgespräch.

Mit freundlichen Grüßen

*Svenja Koch*

### 1 Die Anrede

Svenja Koch spricht den Empfänger ihrer Bewerbung persönlich an. Bei einer Initiativbewerbung in einer inhabergeführten Kanzlei ist die persönliche Anrede ein Muss. »Sehr geehrte Damen und Herren« führt in aller Regel zu einer sofortigen Absage aufgrund fehlender Wertschätzung und fehlenden Einsatzes, einen entsprechenden Namen herauszufinden.

**Wie heißt Ihr Ansprechpartner?**

### 2 Anknüpfungspunkte

Svenja Koch bezieht sich bei ihrer Bewerbung auf einen kürzlich erschienenen Zeitungsartikel über die Kanzlei. Bei Initiativbewerbungen ist dies eine sehr gute Möglichkeit, zu zeigen, dass man informiert ist und ein echtes Interesse an dem potenziellen Arbeitgeber hat.

**Wodurch können Sie beim potenziellen Arbeitgeber anknüpfen?**

### 3 Vorstellung der eigenen Person

Svenja Koch ist mit ihrem Profil eine Young Professional. Sie beschreibt ihre bisherige berufliche Laufbahn (Stationen: Frankfurt am Main, New York, Berlin und Köln) sowie ihre inhaltliche Spezialisierung (internationales Handelsrecht, Wettbewerbsrecht). Dadurch bekommt der Empfänger einen guten Eindruck von ihren Fähigkeiten und ihrer Eignung.

**Wodurch wird Ihre Eignung für die angestrebte Stelle sichtbar?**

### 4 Eigenschaften

Qualifikationen und Fähigkeiten sind nicht alles. Svenja Koch beschreibt ihre Eigenschaften dadurch, dass sie erwähnt, was ihre bisherigen Vorgesetzten an ihr schätzen. Das wirkt sehr glaubwürdig.

**Welche Eigenschaften schätzen Ihre bisherigen Vorgesetzten und Kollegen an Ihnen?**

Ludmilla Podolksi
Bahnhofstraße · 4 · 88662 · Überlingen · Deutschland
Tel.: +49 7551 12345678 · Mobil: +49 153 987654321
E-Mail: ludmilla.podolksi@musterweb.de

Cosinus-IT AG
Herrn Simon Schafferer
Adelbodener Landstraße 175
3012 BERN
SCHWEIZ

10.01.2012

**Initiativbewerbung als IT-Systemkauffrau für Ihr Unternehmen**

Sehr geehrter Herr Schafferer,

1 die Cosinus-IT AG ist mir durch Ihren Internetauftritt als erfolgreicher und weltweit tätiger Softwarehersteller bekannt. Deshalb wende ich mich mit großem Interesse an einer Mitarbeit in Ihrem Unternehmen initiativ an Sie.

2 Ich bin 23 Jahre alt und habe vor vier Monaten meine Ausbildung zur IT-Systemkauffrau vor der Deutschen Industrie- und Handelskammer erfolgreich bestanden. An der Arbeit in einem innovativen IT-Umfeld reizt mich besonders die Herausforderung, kundenspezifische Systemlösungen der IT-Technik zu konzipieren und zu realisieren. Durch meine Ausbildung habe ich bereits erste praktische Erfahrungen in der Beratung von Kunden, der Angebotserstellung und der Auftragsabwicklung. Mit MS-Office und SAP R/3 kenne ich mich gut aus. Polnisch ist meine
3 Muttersprache, Deutsch und Englisch beherrsche ich fließend. Ich arbeite zuverlässig, selbständig und gewissenhaft, bin motiviert und flexibel.

4 Ich bin deutsche Staatsbürgerin und habe mich bereits über die Beantragung einer Arbeitserlaubnis für die Schweiz informiert. Können Sie sich vorstellen, mich als Berufseinsteigerin in Ihrem Unternehmen einzusetzen? Über eine Einladung zum persönlichen Gespräch freue ich mich sehr.

Beste Grüße in die Schweiz

*Ludmilla Podolski*

**1 Anknüpfungspunkt**
Ludmilla Podolski sucht – nach Abschluss ihrer Ausbildung – den Berufseinstieg. Sie bewirbt sich sowohl auf Stellenanzeigen als auch initiativ. Bei Initiativbewerbungen bietet die Internetpräsenz potenzieller Arbeitgeber eine gute Möglichkeit, Anknüpfungspunkte zu finden und zu zeigen, dass man an dem Unternehmen wirklich interessiert ist. Ludmilla Podolski formuliert bereits im ersten Satz, dass sie sich informiert hat und dass ihr das Unternehmen als erfolgreicher und weltweit tätiger Softwarehersteller bekannt ist.

**Was wissen Sie über das Unternehmen, bei dem Sie sich initiativ bewerben wollen?**

**2 Vorstellung der eigenen Person**
Die Vorstellung der eigenen Person ändert sich nicht, egal ob sich Ludmilla Podolski auf eine Stellenanzeige oder initiativ bewirbt. Wichtig ist, dass der Empfänger des Anschreibens einen Eindruck von der Person und der Qualifikation erhält und dadurch auf die Eignung für eine potenzielle Stelle schließen kann.

**Wie stellen Sie Ihre Eignung für eine potenzielle Stelle im Anschreiben dar?**

**3 Sprachkenntnisse**
Ludmilla Podolski spricht Deutsch und Englisch fließend. Polnisch ist ihre Muttersprache. Gerade bei Bewerbungen in die Schweiz spielen Sprachkenntnisse eine wichtige Rolle. Deshalb ist es sinnvoll, bereits im Anschreiben auf die Sprachfähigkeiten einzugehen.

**Wie gut sind Ihre Deutschkenntnisse?**

**Welche weiteren Sprachkenntnisse haben Sie?**

**4 Angaben zur Staatsbürgerschaft**
Ludmilla Podolski ist ein Name, der auf polnische Vorfahren hinweist. Frau Podolski hat eine deutsche Staatsbürgerschaft und sie bewirbt sich in der Schweiz. Wichtig dabei: Sie gibt ihre Staatsangehörigkeit an und informiert darüber, dass die Bewilligung einer Arbeitserlaubnis möglich ist. Der Personalverantwortliche würde ansonsten befürchten, dass rechtliche Beschränkungen einer potenziellen Einstellung im Weg stehen könnten, und Ludmilla Podolski nicht einladen.

**Welche Staatsbürgerschaft(en) haben Sie?**

**Verfügen Sie über eine Aufenthalts und Arbeitserlaubnis oder ist deren Bewilligung möglich?**

Elke Wiesinger
Breite Str. 20 · 86150 Augsburg
Mobil: 0171 12344444 · E-Mail: wiesinger@t-online.de · Tel.: 0821 112233446

Terrapro Solar AG
Herrn Dr. Marius Ebner
Ingolstädter Str. 134
80635 München

06.07.2012

**Initiativbewerbung als Assistentin der Geschäftsführung**

1 Sehr geehrter Herr Dr. Ebner,

2 über den Bundesverband Sekretariat und Büromanagement (bSb) habe ich erfahren, dass Sie eine neue Assistentin suchen. Weil ich schon viel Positives über Ihr Unternehmen gehört habe und seit vielen Jahren ehrenamtlich im Umweltschutz engagiert bin, sende ich Ihnen heute diese Initiativbewerbung.

3 Aufgrund meiner langjährigen Erfahrung als Vorstandsassistentin beherrsche ich alle Sekretariatsaufgaben wie Korrespondenz, Reisemanagement, Vorbereitung von Meetings, Erstellung von Präsentationen, Ablage- und Dokumentenmanagement.

In meiner jüngsten Tätigkeit stand ich – neben vielfältigen administrativen und organisatorischen Aufgaben – außerdem bei verschiedenen Projekten als Ansprechpartnerin für internationale Kunden und Geschäftspartner zur Verfügung.

4 Ich arbeite selbstständig, strukturiert und orientiere mich an Prioritäten. Meine Vorgesetzten schätzen vor allem meine Fähigkeit, alle Abläufe im Sekretariat straff zu organisieren, und meine Motivation, mich Herausforderungen zu stellen und schnell in neue Prozesse einzufinden. Entsprechende Referenzen finden Sie in meinem Lebenslauf.

5 Habe ich Sie mit dieser Bewerbung von meinen Qualifikationen überzeugt? Ich freue mich sehr, Sie bei einem Vorstellungsgespräch persönlich kennenzulernen. Einem Umzug nach München steht von meiner Seite nichts im Wege.

Mit freundlichen Grüßen

*Elke Wiesinger*

**1 Die Anrede**
Elke Wiesinger spricht den Empfänger ihrer Bewerbung persönlich an. Bei einer Initiativbewerbung ist das generell zu empfehlen, da sie damit zeigt, dass sie sich die Mühe gemacht hat, den Namen ihres Ansprechpartners herauszufinden.

**Wie heißt Ihr Ansprechpartner?**

**2 Anknüpfungspunkte**
Über eigene Kontakte, durch Informationen von Berufsverbänden oder Veröffentlichungen anderer Vereinigungen erfährt man manchmal, dass ein Unternehmen eine Stelle zu besetzen hat. Auch Elke Wiesinger hat so die Information erhalten, dass die Firma, die sie anschreibt, eine Assistentin sucht. Das ist ein guter Anknüpfungspunkt für das Anschreiben.

**Woher wissen Sie von einer (möglicherweise) offenen Stelle?**

**3 Erfahrung, Fähigkeiten, Eigenschaften**
Elke Wiesinger beschreibt ihre Berufserfahrung, die dadurch erworbenen Fähigkeiten und ihre Eigenschaften. Damit verdeutlicht sie ihre Eignung für eine Assistentinnenstelle sehr anschaulich.

**Welche Berufserfahrung bringen Sie mit?**

**Welche Fähigkeiten haben Sie entwickelt?**

**Welche Eigenschaften zeichnen Sie aus?**

**4 Referenzen**
Elke Wiesinger verweist auf Referenzen, die sie in ihrem Lebenslauf aufführt. Besser ist es, Referenzen auch im Anschreiben zu nennen und nicht auf ein weiteres Papier zu verweisen. Es sei denn, es handelt sich um eine größere Anzahl erklärungsbedürftiger Referenzen (maximal drei), die den Umfang des Anschreibens sprengen würden.

**Welche Referenzen können Sie geben?**

**5 Umzug nach München**
Elke Wiesinger wohnt aktuell in Augsburg und müsste für die Arbeitsstelle nach München umziehen. Sie informiert den Empfänger darüber, dass einem Umzug nichts im Weg steht, und signalisiert damit eine hohe Einsatzbereitschaft.

**Wie formulieren Sie Ihre Umzugsbereitschaft?**

Dr. Ernst Westerkamp
Gutleutstraße 56
45359 Essen
Tel.: 0231 111222333
E-Mail: ewes@webmail.de

Lenofix GmbH
Frau Irina Schröter
Gerhard-Mercator-Ring 263
47279 Duisburg

20.09.2012

**Initiativbewerbung als Produktionsleiter**

Sehr geehrte Frau Schröter,

1 von Ihrem Mitarbeiter Jens Faller erfuhr ich, dass Sie für verschiedene Standorte in Asien nach einem Produktionsleiter suchen. Vielleicht kommt meine Bewerbung auf eine solche Position gerade zur rechten Zeit.

2 Seit zwei Jahren bin ich stellvertretender Produktionsleiter bei der Wessling AG am Standort Essen. Dort werden mit insgesamt 100 Mitarbeitern vor allem Metalliclacke für die Automobilindustrie hergestellt. Ich bin zusammen mit meinem direkten Vorgesetzten verantwortlich für Prozessoptimierung und Mitarbeiterführung. Da mein Vorgesetzter oft auf Reisen ist, bin ich es gewohnt, selbstständig zu arbeiten und größere Entscheidungen allein zu treffen.

3 Meine berufliche Karriere begann mit einer Promotion bei der BASF AG im Bereich der Beschichtungsstoff- und Pigmenttechnik. Danach arbeitete ich als Betriebsassistent bei verschiedenen chemischen Unternehmen, davon fünf Jahre in den USA und zwei Jahre in Mexiko. Ich spreche fließend Englisch und recht gut Spanisch.

4 An Ihrer Stelle reizt mich (als Single) besonders die Aussicht auf eine weitere Auslandstätigkeit. Sehr gern möchte ich für einen Standort in China oder Korea allein verantwortlich sein. Dass dies auch das Einfühlen in eine neue Kultur und die Personalverantwortung für Hunderte von Mitarbeitern mit sich bringt, betrachte ich als Herausforderung, der ich mich gern stelle.

Ich freue mich, Sie in einem persönlichen Gespräch von meiner Eignung zu überzeugen.

Mit freundlichen Grüßen nach Duisburg

*Ernst Westerkamp*

### 1 Anknüpfungspunkte

Dr. Ernst Westerkamp kennt einen Mitarbeiter der angeschriebenen Firma, über den er erfahren hat, dass das Unternehmen eine Stelle als Produktionsleiter in Asien besetzen will. Das ist ein sehr guter Anknüpfungspunkt für seine Initiativbewerbung.

**Woher wissen Sie von einer (möglicherweise) offenen Stelle?**

### 2 Aktuelle Tätigkeit

Dr. Ernst Westerkamp beschreibt zunächst seine aktuelle Tätigkeit als stellvertretender Produktionsleiter und betont, dass er aufgrund häufiger Dienstreisen seines Vorgesetzten gewohnt ist, selbstständig zu arbeiten und größere Entscheidungen allein zu treffen. Damit zeigt er, dass er der Position eines Produktionsleiters gewachsen ist.

**Wie sieht Ihre aktuelle Tätigkeit aus und wodurch wird deutlich, dass Sie der angestrebten Stelle gewachsen sind?**

### 3 Eignung für Auslandstätigkeit

Im nächsten Schritt erwähnt Dr. Ernst Westerkamp, dass er in seiner beruflichen Laufbahn bereits fünf Jahre in den USA und zwei Jahre in Mexiko gearbeitet hat. Damit weist er auf seine Erfahrungen mit Auslandsaufenthalten hin.

**Über welche besonderen (Auslands-)Erfahrungen verfügen Sie, die für Ihre Initiativbewerbung wichtig sein könnten?**

### 4 Bereitschaft für Auslandstätigkeit

Für eine längere Zeit ins Ausland zu gehen, bedeutet schlicht, nicht in Deutschland zu sein. Das muss man wollen und können. Dr. Ernst Westerkamp weist auf beide Aspekte hin. Er erwähnt, dass er Single ist (keine Familie, auf die er Rücksicht nehmen muss) und dass ihn die Aussicht auf eine Auslandstätigkeit besonders reizt (Herausforderung).

**Wie formulieren Sie Ihre Bereitschaft und die Möglichkeit für eine Auslandstätigkeit?**

Silke Tausch
Stadtweg 5 | 90453 Nürnberg | Tel.: 0911 12233344445
Mobil: 0175 123456789 | E-Mail: s.tausch@mailbsp.de

Schulungszentrum Kraus
Frau Michaela Wagner
Waldstraße 1
91054 Erlangen

08.02.2012

**Initiativbewerbung als EDV-Trainerin**

Sehr geehrte Frau Wagner,

das Schulungszentrum Kraus ist mir durch positive Berichterstattung in der Presse bekannt. Deshalb wende ich mich mit großem Interesse an einer Mitarbeit als Trainerin an Sie.

1 Ich bin 51 Jahre alt und von Hause aus Diplom-Informatikerin. Nach langjähriger Berufstätigkeit im IT-Management verschiedener Unternehmen plane ich eine berufliche Neuausrichtung. Zukünftig möchte ich mein umfangreiches EDV-Fachwissen und meine Fähigkeiten im Management von IT-Projekten gern weitergeben.

2 Erfahrungen in der Wissensvermittlung konnte ich in zahlreichen Inhouse-Schulungen sammeln, die ich für Mitarbeiter und Führungskräfte konzipiert und durchgeführt habe. Meine Vorgesetzten und Kollegen schätzen an mir, dass ich komplexe Sachverhalte einfach und verständlich erklären kann. Ich arbeite ruhig, zuverlässig und gewissenhaft.

3 Aktuell bin ich in ungekündigter Stellung als IT-Koordinatorin tätig. Ich bitte Sie deshalb um
4 eine diskrete Behandlung meiner Bewerbung. Unter Berücksichtigung meiner Kündigungsfrist könnte ich Ihnen zum 1. April 2012 zur Verfügung stehen.

5 Habe ich Ihr Interesse geweckt? Für weitere Fragen erreichen Sie mich am besten ab 18.00 Uhr auf meinem Handy bzw. über meine E-Mail. Ich freue mich auf Ihre Antwort.

Mit freundlichen Grüßen

*Silke Tausch*

### 1 Initiativbewerbungsmotivation

Silke Tausch will sich beruflich neu ausrichten und nach langjähriger Tätigkeit im IT-Management zukünftig als EDV-Trainerin arbeiten. Sie informiert den Empfänger ihrer Initiativbewerbung bereits zu Beginn des Anschreibens darüber. Die »Warum bewirbt sie sich bei uns«-Frage zu klären, ist wichtig, denn das ist ein Punkt, der den Personalverantwortlichen brennend interessiert.

**Welche Motivation haben Sie für Ihre berufliche Neuausrichtung?**

### 2 Eignung für zukünftige Tätigkeit

Silke Tausch hat bislang noch nicht als EDV-Trainerin gearbeitet. Deshalb ist es unbedingt zu empfehlen, auf Erfahrungen und Fähigkeiten einzugehen, die ihre Eignung für die angestrebte Tätigkeit deutlich machen.

**Welche Fähigkeiten bringen Sie für die angestrebte neue berufliche Tätigkeit mit?**

**Welche praktischen Erfahrungen haben Sie bereits gesammelt, die für die neue berufliche Tätigkeit relevant sind?**

### 3 Diskretion

Silke Tausch steht in einem ungekündigten Arbeitsverhältnis und bittet deshalb um eine diskrete Behandlung ihrer Initiativbewerbung. Da Initiativbewerbungen von Unternehmen durchaus auch herumgereicht werden, ist es sinnvoll, explizit um Diskretion zu bitten, wenn Ihnen das wichtig ist.

**Formulieren Sie, dass eine diskrete Behandlung Ihrer Initiativbewerbung für Sie wichtig ist:**

### 4 Frühestmöglicher Eintrittstermin

Die Angabe eines frühestmöglichen Eintrittstermins ist besonders dann sinnvoll, wenn Sie – wie Silke Tausch – Kündigungsfristen zu beachten haben.

**Wann können Sie frühestmöglich zur Verfügung stehen?**

### 5 Aufforderung zum Handeln

Auch bei einer Initiativbewerbung ist es sinnvoll, den Empfänger zum Handeln aufzufordern. Silke Tausch macht das geschickt, indem Sie für weitere Fragen ihre Erreichbarkeit am Ende des Anschreibens wiederholt.

**Wie formulieren Sie Ihre Handlungsaufforderung an den Empfänger?**

## Die Grundlagen

Der Lebenslauf, ob mit oder ohne Deckblatt, ist das Herzstück Ihrer Bewerbungsmappe. Viele erfahrene Personalverantwortliche prüfen ihn, bevor sie das Anschreiben lesen. Denn anhand des Lebenslaufs können sie sich sofort einen Eindruck verschaffen, ob ein Bewerber die nötige Erfahrung und die erforderlichen Qualifikationen für eine Stelle mitbringt. Deshalb sollten Sie auf die Gestaltung und den Inhalt des Lebenslaufs mindestens so viel Sorgfalt verwenden wie auf die Formulierung des Anschreibens.

Ein Lebenslauf sollte vor allem eines sein: übersichtlich. Dieses Ziel sollten Sie beim Anfertigen berücksichtigen. Denn ein Personalverantwortlicher hat viel zu tun und kann sich nicht die Zeit nehmen, in Ihrem Lebenslauf lange nach den Informationen zu suchen, die er benötigt, um eine Entscheidung zu treffen. Unübersichtliche Lebensläufe werden nicht angeschaut.
In dem Begriff »Lebenslauf« steckt das Wort »Leben«. Tatsächlich hat der Lebenslauf einer Bewerbung viel mit Ihrem Leben zu tun. Was den Aufbau und den Inhalt angeht, gilt es, Anknüpfungspunkte zur angestrebten Stelle aufzuführen. Dabei sind die Fakten durch die Stationen Ihres Lebens vorgegeben. Entlang dieses roten Fadens sollten Sie weitere, für den Personalverantwortlichen wichtige Informationen auflisten.
Nur wer sich die Mühe macht, in seiner eigenen Biografie nach den Punkten zu suchen, die für die ausgeschriebene Stelle wichtig sind, kann den Personalverantwortlichen überzeugen. Stellen Sie sich zur Orientierung folgende Fragen:

- Welche Schul-, Ausbildungs- und/oder Studienabschlüsse habe ich?
- Welche zusätzlichen beruflichen Weiterbildungen kann ich vorweisen?
- Wo habe ich bereits praktische Berufserfahrungen gesammelt?
- Welche Sprachen spreche und verstehe ich und welche EDV-Kenntnisse habe ich?
- Welche Eigenschaften bringe ich mit?

Listen Sie – zunächst einmal nur für Sie selbst – alle Stationen Ihres Lebens auf, die es, zumindest grundsätzlich, verdient hätten, in Ihrem Lebenslauf erwähnt zu werden. In einem zweiten Schritt überlegen Sie, welche Stationen, Tätigkeiten oder Hobbys in Ihrem bisherigen Leben zusammenpassen. Gab es Tätigkeiten, die Überschneidungen mit der angestrebten Stelle aufweisen? Beispiele:

- Die Lieblingsfächer in der Schule stimmen mit dem gefragten Fachwissen überein.
- Sie haben eine Ausbildung in dem betreffenden Fachgebiet gemacht.
- Sie haben ein verwandtes Fach studiert.
- Sie waren schon in einer ähnlichen Branche berufstätig.
- Sie haben vergleichbare Aufgaben ausgeführt.
- Sie haben Hobbys, die ähnliche Qualifikationen erfordern wie die ausgeschriebene Stelle.

Solche Gemeinsamkeiten gilt es im Lebenslauf herauszustellen. Dann sind Sie wegen eventueller Brüche, die Ihr bisheriges Leben vielleicht aufweist, nicht angreifbar.
Auch bei der Gewichtung Ihrer Tätigkeiten haben Sie Spielräume. Je nachdem, auf welcher Art Stelle Sie sich bewerben, heben Sie einzelne Stationen oder Aufgaben stärker hervor und behandeln Sie sie ausführlicher.
Einzelne Bestandteile des Lebenslaufs im Hinblick auf die gewünschte Stelle ausführlicher, andere knapper darzustellen, ist legitim. Sie nehmen dem Personalverantwortlichen damit Arbeit ab. Sie zeigen ihm, dass Sie Prioritäten setzen können und wissen, was auf der ausgeschriebenen Stelle wichtig ist. Aber dieses Vorgehen hat auch Grenzen: Das Ganze muss plausibel erscheinen. Es ist nicht möglich, ein zweiwöchiges Praktikum gewichtiger als eine fünfjährige Berufstätigkeit darzustellen.

## Was haben Sie einem Arbeitgeber zu bieten?

### Meine Abschlüsse

### Meine bisherigen beruflichen Tätigkeiten

### Meine Hobbys / Freizeitinteressen

### Meine Sprach- und EDV-Kenntnisse

### Meine persönlichen Eigenschaften

Besonders wenn Sie sich fachfremd bewerben, sollten Sie sich in die Lage desjenigen hineinversetzen, der Ihren Lebenslauf lesen und auswerten muss. Reicht es, wenn Sie nur den Ausbildungsberuf oder das Studienfach nennen? Kann sich wirklich jeder vorstellen, was Sie dabei gelernt haben? Wenn nicht, dann fügen Sie eine kurze Erklärung hinzu. Bedenken Sie auch, dass bestimmte Bezeichnungen zwar Assoziationen hervorrufen – aber leider nicht unbedingt die richtigen. Auch hier ist eine Erklärung hilfreich.

Auch viele Positionsbezeichnungen sind nichtssagend. Schreiben Sie konkret, welche Aufgaben und Tätigkeiten sich dahinter verbergen. Bei Führungskräften ist es zudem sinnvoll, zwischen den Aufgaben und den Zielen einer Position zu unterscheiden und das Ziel ebenfalls anzugeben.

Liefern Sie bei jeder Arbeitsstelle eine kurze Einordnung des Arbeitgebers (Branche, Größe des Unternehmens). Was frühere Arbeitgeber angeht, gibt es einigen Erklärungsbedarf: Bei unbekannten Firmen, Organisationen oder öffentlich-rechtlichen Arbeitgebern, deren Namen keine Assoziation wecken, sollten Sie zumindest kurz erwähnen, in welchem Bereich er tätig ist und wie viele Mitarbeiter dort beschäftigt sind (ungefähre Zahlen genügen).

Manche Punkte im Lebenslauf wirken unscheinbarer – und damit nachteiliger –, als sie sind. Wenn zum Beispiel ein Mitarbeiter seit vielen Jahren bei ein und demselben Arbeitgeber tätig war, wirkt das ohne weitere Aufschlüsselung im Lebenslauf nicht besonders aussagekräftig. Ein kritischer Personalentscheider, der diesen Punkt liest, bekommt sofort den Eindruck: »Der Bewerber hat sich während der ganzen Zeit überhaupt nicht weiterentwickelt.«

Deshalb ist es günstiger, wenn Sie langen Stationen mehr als nur eine einzige Zeile widmen. Geben Sie an:

- Abteilung oder Zuständigkeitsbereich
- Ihre Tätigkeiten und Aufgaben
- (bei Führungskräften:) Wie viele Mitarbeiter Sie (als Chef) hatten.

### Schritt 9: der Aufbau des Lebenslaufs

Ein Lebenslauf sollte nicht länger als zwei Seiten (mit Deckblatt drei Seiten) sein. Ausformulierte Lebensläufe sind nicht mehr zeitgemäß. Fertigen Sie einen tabellarischen Lebenslauf an.

**Strukturierung des Lebenslaufs:** Bei der Frage, ob im Lebenslauf die Daten absteigend (beginnend mit der aktuellen Situation) oder aufsteigend (beginnend mit der Schulbildung) geordnet werden sollen, gilt: Je älter Sie sind, desto sinnvoller ist es, die absteigende Reihenfolge zu wählen und mit der aktuellen Station in Ihrem Leben anzufangen. Ein Personalverantwortlicher will sich nicht durch viele Informationen durchlesen, bis er auf Seite zwei endlich zu dem kommt, was für ihn wichtig ist: was Sie aktuell machen. Bewerben Sie sich außerhalb Deutschlands oder bei einer Firma, die international agiert, dann ist ein chronologisch absteigender Lebenslauf obligatorisch. International ist er längst Usus.
Die chronologisch aufsteigende Form, beginnend mit der Schulbildung, wählen Sie, wenn Sie am Anfang Ihrer beruflichen Laufbahn stehen und über wenig Berufserfahrung verfügen.

**Tipp** Halten Sie sich an die Reihenfolge!

Springen Sie nicht hin und her zwischen thematischer und chronologischer Darstellung. Halten Sie sich streng an die zeitliche Reihenfolge. Versehen Sie die einzelnen Abschnitte nur dann mit thematischen Überschriften (z.B. »Ausbildung«, »Berufserfahrung«), wenn sie zur zeitlichen Abfolge passen. Das ist dann der Fall, wenn in Ihrem Leben wirklich

- erst die Schulzeit,
- dann die Ausbildung oder das Studium,
- dann die Berufserfahrung

kommt.

### Das Deckblatt

Ein Deckblatt ist kein Muss, es kann ihre Bewerbung jedoch aufwerten. Für ein Deckblatt spricht:

- Ihre Bewerbung hebt sich dadurch optisch von den anderen Bewerbungen ab.
- Sie wirkt professionell.
- Der Empfänger sieht, Sie haben die Bewerbung individuell erstellt. Es ist keine Massensendung, die Sie ihm geschickt haben.
- Sie vermeiden Platzmangel im Lebenslauf, indem Sie das Foto auf dem Deckblatt unterbringen.
- Ihr Bewerbungsfoto kommt besser zur Geltung.

Das Deckblatt dient vor allem der optischen Gestaltung der Bewerbung. Seien Sie daher sparsam mit Text. Folgendes gehört auf ein Deckblatt:

- Ihr Name (mitsamt Titel, Ausbildungsstand und/oder Position und Absenderadresse inklusive Telefon und E-Mail)
- Ihr Bewerbungsfoto (als Abzug und nicht als Ausdruck)
- die Bezeichnung der angestrebten Stelle
- (falls in der Stellenanzeige angegeben:) das Aktenzeichen oder die Kennziffer
- die Anschrift des potenziellen Arbeitgebers
- der Empfänger, an den Sie Ihrer Bewerbung richten (Personalverantwortlicher, Chef, Inhaber etc.)
- (nicht obligatorisch:) eine Auflistung aller Anlagen (Lebenslauf, Nachweise, Zeugnisse, Arbeitsproben)

***Bewerbungsunterlagen***

*für eine Ausbildung zur Bürokauffrau*

Einrichtungshaus Meier
Herrn Alfred Meier
Industriestraße 15
84321 München

Andrea Neumann
Gartenstraße 3
81234 München
Tel.: 089 123456
E-Mail: aneumann@mail.de

1

3 **Bewerbungsunterlagen**
für die Position als Luftfahrtingenieur
Kennziffer: 1574

3 für
Frau Irina Thorben
Gräffe & Partner GmbH & Co. KG
Holsteiner Allee 30
21029 Hamburg

2

eingereicht von

3 Lothar Brenner
Diplom-Physiker
Quellgasse 9
53177 Bonn
Tel.: 0228 123455
E-Mail: brenner@webnet.com

## 1 Gestaltung des Deckblatts

Lothar Brenner hat sich für ein Deckblatt entschieden, um seine Bewerbung optisch aufzuwerten. Er geht sparsam mit Text um und gestaltet das Deckblatt klar und sachlich. Als Gestaltungsprinzip wählt er die Zentrierung für die Bezeichnung der angestrebten Stelle und ein Zweispaltenprinzip für die Angaben über den potenziellen Arbeitgeber und Empfänger der Bewerbungsunterlagen sowie für seine persönlichen Daten. Das Foto erscheint in der rechten Spalte und sticht dadurch optimal hervor.

**Wie werden Sie Ihr Deckblatt gestalten?**

## 2 Das Foto

Das Foto wählt Lothar Brenner in einer Größe von 5 × 6 cm. Auf einem Deckblatt kann auch ein größeres Foto, bis maximal 9 x 13 cm, verwendet werden. Hier bietet sich das kleinere Foto an, um es linksbündig über die persönlichen Angaben zu setzen und so das Prinzip der Zweispaltigkeit zu erhalten. Herr Brenner klebt einen Originalabzug seines Bewerbungsfotos auf das Deckblatt, denn das Unternehmen wünscht eine Bewerbung per Post. Für Bewerbungen per E-Mail und auf Onlineplattformen fügt er das Foto digital in sein Deckblatt ein.

**Welche Fotogröße wählen Sie?**

**Haben Sie Ihr Foto als Originalabzug und als digitale Datei vorliegen?**

## 3 Angaben auf dem Deckblatt

Lothar Brenner macht alle nötigen Angaben auf seinem Deckblatt: die Bezeichnung der angestrebten Stelle mit Kennziffer, der Empfänger und die Anschrift des potenziellen Arbeitgebers, der eigene Name mit Angabe des Ausbildungsstands sowie die Anschrift inklusive Telefonnummer und E-Mail-Adresse.
Eine Auflistung aller Anlagen, die der Empfänger in der Bewerbungsmappe vorfindet, ist nicht obligatorisch. Eine solche Auflistung bietet sich besonders dann an, wenn es sich um eine sehr umfangreiche Bewerbungsmappe mit einer Vielzahl an Nachweisen, Zeugnissen und Arbeitsproben handelt.
Das ist bei Lothar Brenner noch nicht der Fall. In einigen Jahren, wenn er über weitere Nachweise verfügt, kann er eine entsprechende Auflistung linksbündig in die linke Spalte unter die Angaben des Empfängers und der Anschrift des potenziellen Arbeitgebers setzen. Oder sein Foto inklusive der persönlichen Angaben in der rechten Spalte nach oben und die Auflistung der Nachweise darunter setzen.

**Welche Angaben machen Sie auf Ihrem Deckblatt?**

**Der Kopf des Lebenslaufs:** Zum Kopf des Lebenslaufs zählen: die Überschrift »Lebenslauf«, alle relevanten persönlichen Daten (Name, Anschrift usw.) sowie Ihr Bewerbungsfoto, falls Sie kein Deckblatt verwenden.

Zu den persönlichen Daten: Sie können sich auf einige wenige Punkte beschränken. Unverzichtbar sind der vollständige Name, Ihre Anschrift, Ihr Geburtsdatum, Ihr Familienstand und die Angabe, ob Sie Kinder haben und wenn ja, wie alt sie sind. Sollte Ihr Name oder Ihr Lebenslauf die Frage nach Ihrer Nationalität aufwerfen, dann geben Sie diese unbedingt auch an; ansonsten ist es durchaus üblich, aber nicht zwingend.

Angaben zu den Eltern dagegen erwarten Personalentscheider nicht mehr. Für den Bewerber spricht nach dem heutigen Verständnis allein seine Person, nicht seine Herkunft. Ebenso wenig spielt Ihre Religionszugehörigkeit eine Rolle, es sei denn, Sie bewerben sich auf eine konfessionell gebundene Stelle; dann geben Sie sie selbstverständlich an.

Wenn Sie Ihren Lebenslauf ohne Deckblatt erstellen, dann können Sie außer der Anschrift auch Ihre Telefonnummer sowie Ihre E-Mail-Adresse im Kopf nennen.

**Beispiel: Persönliche Angaben im Kopf des Lebenslaufs** (sehr knapp)

| | |
|---|---|
| Name | Leo Riemer |
| Anschrift | Seestr. 4<br>78464 Konstanz |
| Geburtsdatum | 17.10.1989 |
| Familienstand | ledig |

**Beispiel: Persönliche Angaben im Kopf des Lebenslaufs** (ausführlich)

| | |
|---|---|
| Name | Csaba Klaipeda |
| Anschrift | Frankfurter Str. 78<br>86156 Augsburg<br>Tel.: 0821 993522<br>E-Mail: Klaip@aline.de |
| Geburtsdatum | 26.08.1979 |
| Geburtsort | Vilnius (Litauen) |
| Nationalität | deutsch |
| Familienstand | verheiratet, zwei Kinder (geb. 2005 und 2009) |

**Der Hauptteil des Lebenslaufs:** Im Hauptteil bringen Sie alle Stationen Ihres Lebens mit Anfangs- und Enddatum unter. Strukturieren Sie den Hauptteil durch Zwischenüberschriften. Das erleichtert dem Empfänger die Arbeit. Wählen Sie zum Beispiel die Kategorien:

- Berufserfahrungen oder Berufspraxis
- Studium und/oder Ausbildung
- Auslandsaufenthalt
- Bundeswehr oder Zivildienst oder Ersatzdienst
- freiwilliges soziales Jahr oder Bundesfreiwilligendienst
- Schule

Wenn Sie sich nicht gerade zum ersten Mal direkt nach dem Schulabschluss bewerben, sondern bereits Berufserfahrung oder einen Studienabschluss haben, dann beschränken Sie Ihre Angaben zur schulischen Ausbildung auf den höchsten allgemeinbildenden Abschluss. Wo Sie Ihre Grundschulzeit verbracht haben, ist dann nicht mehr von Interesse.

Längere Auslandsaufenthalte führen Sie in jedem Fall auf. Schreiben Sie unbedingt dazu, was Sie im Ausland konkret gemacht haben: ob es sich um ein Austauschjahr innerhalb Ihrer Schulzeit, ein Auslandssemester während des Studiums oder einen Arbeitsaufenthalt für einen Ihrer Arbeitgeber handelt. Mittlerweile sind auch Auslandsaufenthalte im Rahmen einer längeren privaten Reise akzeptiert.

**Meine Auslandsaufenthalte**

## Meine Gliederung des Hauptteils im Lebenslauf

1. 
2. 
3. 
4. 
5. 
6. 
7. 
8. 

Die Daten im Lebenslauf brauchen Sie nicht auf den Tag genau anzugeben – das wäre zu aufwendig und für den Personalentscheider nicht relevant. Aber eine Zeitangabe in Monaten und Jahren ist empfehlenswert, weil sie am ehrlichsten wirkt. Damit dokumentieren Sie lückenlose Anschlüsse (wobei Pausen von bis zu drei Monaten akzeptabel sind). Häufiger sieht man auch Lebensläufe, die nur eine Jahresangabe enthalten. Das ist nicht ratsam, denn man kann zwischen zwei aufeinanderfolgenden Jahresangaben fast zwei Jahre Pause verbergen. Personalverantwortliche, die Erfahrung mit der Interpretation von Lebensläufen haben, wissen das – und werden misstrauisch.

Halten Sie den Aufbau des Lebenslaufs unbedingt stringent durch. Vermeiden Sie einen Wechsel zwischen verschiedenen Zeitangaben (z.B. einmal auf den Tag, einmal auf den Monat und einmal nur auf das Jahr genau). Lediglich wenn Sie im thematischen Anhang berufsbegleitende Weiterbildungskurse auflisten, genügt die Angabe des Jahres, in dem diese stattgefunden hat.

**Der thematische Anhang des Lebenslaufs:** Im thematischen Anhang bringen Sie alle Qualifikationen, Fähigkeiten, Kenntnisse und Erfahrungen unter, die weder aus Ihrem Ausbildungsgang noch aus ihrer Berufstätigkeit resultieren. Das sind zum Beispiel:

- Fort- und Weiterbildungen
- EDV-Kenntnisse
- Sprachkenntnisse
- Hobbys und Freizeitinteressen
- Mitgliedschaften
- ehrenamtliches Engagement und/oder Ehrenämter
- eigene Publikationen
- Charaktereigenschaften

Die Angaben brauchen Sie nicht chronologisch im Hauptteil des Lebenslaufs einzuordnen. Im thematischen Anhang haben Sie viel Freiheit, was Sie in welcher Form aufführen. Es gibt keine verbindlichen Vorschriften. Achten Sie aber darauf, Ihren Lebenslauf nicht zu überfrachten. Es gilt: so viele zusätzliche Informationen wie nötig, so wenig wie möglich. Nötig sind Informationen, die für die ausgeschriebene Stelle relevant sind. Das können zum Beispiel geforderte (gute) Sprachkenntnisse in Englisch und Französisch sein. Wer überdies Grundkenntnisse in exotischen Sprachen hat, sollte sie nicht angeben, denn erstens werden sie nicht verlangt und zweitens ist mit Grundkenntnissen beruflich nicht viel anzufangen.

Gehen Sie bei allen Ihren zusätzlichen Qualifikationen, Fähigkeiten, Kenntnissen und Erfahrungen nach diesem Prinzip vor. Prüfen Sie, was in der jeweiligen Stellenanzeige gefordert wird. Schauen Sie, was Sie davon zu bieten haben und führen Sie genau das in Ihrem thematischen Anhang im Lebenslauf auf.

Strukturieren Sie auch den thematischen Anhang durch Zwischenüberschriften, die dem Personalverantwortlichen die Orientierung erleichtern.

**Meine Gliederung des thematischen Anhangs im Lebenslauf**

1. 
2. 
3. 
4. 
5. 
6. 

**Fort- und Weiterbildungen** führen sie dann auf, wenn sie für die Stelle, auf die Sie sich bewerben, relevant sind:

**Beispiel: Fortbildungen**

- 09/2010: fünftägiges Seminar »SAP R/3« für Fortgeschrittene
- 02/2011: dreiwöchiges Training »Mitarbeiterführung« (Institut für Management Professionell, Hamburg)
- 08/2011: zweitägiger Workshop »Verhandlungsführung«

**Meine Fortbildungen**

**EDV-Kenntnisse** sollten Sie nur aufführen, wenn sie noch aktuell sind, da Software schnell veraltet. Faustregel: Computerlehrgänge, die länger als ein Jahr her sind, brauchen Sie nicht mehr aufzuführen. Ausnahme: Bei Spezialprogrammen (z.B. Grafik- oder Layoutsoftware) können Sie eine Ausnahme machen. Stellen Sie heraus, dass Sie auf dem neuesten Stand sind oder ihn sich zumindest leicht aneignen können. Oft ist es besser, die Kenntnisse darzustellen als die Teilnahme an einem entsprechenden Kurs.
Besonders aussagekräftig sind Angaben darüber, wie oft Sie mit einem Programm arbeiten, zum Beispiel: »Software xy: ständige Anwendung«, »Software yy: regelmäßige Anwendung«. Bei Programmen, die Sie so häufig anwenden, spielt es selbstverständlich keine Rolle mehr, wann Sie einen entsprechenden Kurs besucht haben.
Klären Sie also für sich, ob Sie Ihre EDV-Kenntnisse mit Hinweis auf Fortbildungen, Seminare, Kurse oder Schulungen angeben – dann nennen Sie auch die Zeiträume, wann diese stattfanden, oder ob Sie sie eher wie Sprachkenntnisse bewerten. Sofern Sie nicht sicher sind, dass Ihr Adressat die entsprechenden Programme kennt, geben Sie ein Stichwort zur Erklärung.

**Beispiel: EDV-Kenntnisse**

- »SAP R/3«: ständige Anwendung
  »Exceter« (E-Mail-Management-Software): regelmäßige Anwendung
  »Access«: Grundkenntnisse

**Meine EDV-Kenntnisse**

**Sprachkenntnisse** werden in einer globalisierten Welt immer wichtiger. Bei der Einschätzung Ihrer Sprachkenntnisse können Sie das Schulnotensystem (von »sehr gut« bis »ausreichend«) benutzen. Mehr und mehr üblich ist aber folgende Bewertungsskala:

- Muttersprachler
- verhandlungssicher
- fließend
- gute Kenntnisse
- ausbaufähige Grundkenntnisse
- Grundkenntnisse

Geben Sie auch hier an, wie Sie die Sprache gelernt haben bzw. wie häufig Sie mit der Sprache arbeiten.

**Beispiel: Sprachkenntnisse**

- Spanisch: verhandlungssicher (zweisprachig aufgewachsen)
- Englisch: fließend (Arbeitssprache seit zwei Jahren)
- Französisch: gute Kenntnisse (regelmäßige Frankreichurlaube)
- Polnisch: Grundkenntnisse (VHS-Kurs aus Interesse)

**Meine Sprachkenntnisse**

**Hobbys und Freizeitinteressen** sollten Sie besonders dann darstellen, wenn sie positive Rückschlüsse auf Ihre Persönlichkeit zulassen bzw. dokumentieren, dass Sie dadurch Fähigkeiten und Fertigkeiten trainieren, die für die angestrebte Stelle wichtig sein könnten. Unterschätzen Sie nicht, dass Hobbys einiges über Ihre sogenannten Softskills, also die »weichen Fähigkeiten«, aussagen. Zum Beispiel über:

- Organisationstalent
- Führungsqualitäten
- Teamfähigkeit
- Aufgeschlossenheit
- körperliche Fitness
- Risikobereitschaft

**Beispiel: Hobbys**

- Marathonlauf (letzter Lauf: Berlin Marathon, Sommer 2011)
- Städtereisen (letzte Reise: Barcelona, Herbst 2011)
- Theater (Theaterabonnement)

Durchleuchten Sie Ihre Hobbys einmal ganz genau: Welchen Neigungen gehen Sie nach, und was offenbaren diese über Ihren Charakter?

**Meine Hobbys und Freizeitinteressen**

Überlegen Sie, welche weiteren Informationen für die angestrebte Stelle interessant sein könnten. Sind Sie zum Beispiel Mitglied in einem Berufsverband, sind Sie ehrenamtlich tätig oder haben sogar ein Ehrenamt in der Gemeinde, haben Sie – besonders im akademischen Bereich – bereits etwas veröffentlicht und welche Charaktereigenschaften schreiben Sie sich zu?

**Beispiel: zusätzliche Informationen**

- aktives Mitglied im Verein Deutscher Ingenieure (VDI)
- ehrenamtliches Engagement in der Jugendarbeit
- Schatzmeistertätigkeit in der Gemeinde
- zahlreiche Veröffentlichungen zum Thema »Regionalplanung und Umweltschutz«
- zuverlässige, selbstständige Arbeitsweise und hohe Motivation

**Meine zusätzlichen Informationen**

Suchen Sie nach Anknüpfungspunkten und Gemeinsamkeiten mit der angestrebten Stelle. Führen Sie im thematischen Anhang des Lebenslaufs alle Punkte auf, die wichtig sind. Setzen Sie nichts als bekannt voraus. Der Personalverantwortliche auf der anderen Seite kennt Sie noch nicht und kann noch nichts über Sie wissen.

**Der Abschluss des Lebenslaufs:** Zu einem vollständigen Lebenslauf gehören der Ort, das Datum und Ihre eigenhändige Unterschrift. Das Datum schreiben Sie in der Form, die Sie auch für das Anschreiben gewählt haben. Vergessen Sie nicht, das Datum zu ändern, falls Sie Ihren Lebenslauf auf dem Rechner aktualisieren. Auf die eigenhändige Unterschrift legen die meisten Personalentscheider großen Wert. Sie dokumentiert, dass ein Bewerber auch zu seiner Vita steht. Verzichten Sie auf eine eingescannte Unterschrift, selbst wenn Sie sie mit einem Farbdrucker ausdrucken können. Bei einer digitalen Bewerbung können Sie eine eingescannte Unterschrift verwenden. Das ist in Zeiten der Internetkriminalität jedoch nicht mehr Pflicht. Ihr Name in getippter Form reicht aus.

**Meine Abschlusszeile im Lebenslauf**

## Der Aufbau des Lebenslaufs

### Hauptüberschrift „Lebenslauf"

Kopf: persönliche Daten

Name, (evtl.) Anschrift
Geburtsdatum und -ort, (evtl.) Staatsangehörigkeit
Familienstand und ggf. Anzahl der Kinder
(ggf. Foto auf gesondertem Deckblatt)

Hauptteil: schulischer und beruflicher Werdegang (die wesentlichen Stationen mit Zeugnissen belegen)

Schulbildung (Höchster allgemeinbildender Schulabschluss)
Weiterführende Schulbesuche
Wehr-, Zivil- oder Ersatzdienst
Freiwilliges Soziales Jahr oder Bundesfreiwilligendienst
Berufsausbildung oder Studium (Abschluss)
Praktika
Berufstätigkeit
Auslandsaufenthalte

Thematischer Anhang: Zusatzinformationen

Fort- und Weiterbildungen
EDV-Kenntnisse
Sprachkenntnisse
Hobbys und Freizeitinteressen
Mitgliedschaften in (Berufs-)Verbänden, Vereinen, …
Ehrenamtliches Engagement und/oder Ehrenämter
Eigene Publikationen
Charaktereigenschaften
(Zusatzinformationen sind nur dann sinnvoll, wenn sie auf bestimmte Fähigkeiten schließen lassen, die für die angestrebte Stelle wichtig sind.)

Schluss

Ort, Datum
Eigenhändige Unterschrift (bzw. Namenszug in getippter Form für E-Mail und Onlinebewerbungen)

**Schritt 10: der Inhalt des Lebenslaufs**
Beachten Sie: Bei den meisten Stationen eines Lebens reicht die bloße Auflistung nicht, sondern sie müssen erklärt werden. Aus einem inhaltlich gut formulierten Lebenslauf geht hervor, was Ihre Befähigung für die angestrebte Stelle begründet. Wichtig ist, dass Ihr Lebenslauf zeigt:

- was Sie wollen,
- was Sie können,
- wer Sie sind.

Gute Chancen haben Sie, wenn Ihr Lebenslauf in allen Punkten zur ausgeschriebenen Stelle passt. Damit ist nicht gemeint, dass er so wirken soll, als hätten Sie Ihr ganzes Leben lang nur ein Ziel gehabt, nämlich die betreffende Anstellung. Sie brauchen auch nicht so zu tun, als hätten Sie während Ihrer Ausbildung, Ihres Studiums und/oder Berufslebens einzig und allein auf diese Position hingearbeitet. Ein solcher Lebenslauf wäre unrealistisch und unglaubwürdig. Einen stringenten Lebenslauf müssen Sie nicht erdichten.
Personalverantwortliche schauen besonders auf einen stringenten Handlungsverlauf, das heißt, auf die Übergänge in Ihrem Lebensverlauf. Auch wenn Sie keine Probleme damit haben – fast jeder Mensch hat Brüche in seiner Vita aufzuweisen. Pausen zwischen Schule und Ausbildung und/oder Studium, Lücken zwischen Studium und Berufseinstieg, Phasen der Arbeitslosigkeit zwischen zwei aufeinanderfolgenden Anstellungsverhältnissen. Aber keine Sorge wegen unproduktiver Zeiten! Eine Lücke im Lebenslauf entsteht nur dann, wenn ein Bewerber beschließt, einen bestimmten Zeitraum zu verschweigen. Haben Sie selbst auch solche unproduktiven Zeiträume, die Sie am liebsten gar nicht aufführen möchten? Dann hilft der Gedanke, dass ein glatter Lebenslauf ohne Krisen, Auszeiten, Krankheiten und Arbeitslosigkeit einfach nicht normal ist. Den lückenlosen Lebenslauf gibt es heute fast nicht mehr. Das weiß jeder, der Personal auswählt. Ein allzu geradliniger Lebenslauf wirkt wesentlich verdächtiger als einer, der das Leben so widerspiegelt, wie es ist – mit Erholungszeiten, unproduktiven Zeiten und dem einen oder anderen Richtungswechsel. Beachten Sie deshalb unbedingt: Zeiten des Leerlaufs oder der Arbeitslosigkeit kommentarlos unter den Tisch fallen zu lassen, ist ein Fehler, der einen Bewerber in aller Regel schon in der ersten Auswahlrunde – also noch vor dem Vorstellungsgespräch – disqualifiziert. Wer Lebensläufe prüft, der achtet sehr genau darauf, dass Lücken von mehr als drei Monaten dokumentiert und erklärt sind. Lassen Sie Brüche im Lebenslauf ebenso zu wie die Tatsache, dass Ihr Leben nicht immer geradlinig verlaufen ist. Das ist normal.
Überlegen Sie: Was steckt hinter Ihren Leerzeiten? Arbeitslosigkeit? Krankheit? Phasen der Umorientierung? Urlaub? Elternzeit? Das lässt sich als plausible Begründung anführen – wobei Sie manches vielleicht beschönigen, aber nichts verfälschen müssen. Bei Leerzeiten, die länger als drei Monate dauern, ist eine kurze Kommentierung im Lebenslauf sinnvoll. Die folgende Übersicht zeigt einige Beispiele, wie Sie längere Zeiten der Krankheit, des Nichtstuns oder der Arbeitslosigkeit begründen können.

**Beispiele für Leerlaufphasen**

Längere Phasen der Arbeitslosigkeit:
- aktive Ausbildungsplatzsuche
- aktive Arbeitsuche
- Berufseinstiegsphase
- Orientierungs- und Bewerbungsphase
- Arbeitsuche und Weiterbildung

Längerer Urlaub:
- Erholungsphase
- Auszeit (im Ausland)

Arbeitsunfähigkeit (Krankheit):
- Zeit der Neuorientierung
- berufliche Neuausrichtung

Baby- und Elternzeit:
- Mutterschutz und Elternzeit
- Erziehung meiner Kinder

Sabbatical (Auszeit):
- Auszeit zur neuen Weichenstellung
- Sabbatical mit Auslandsaufenthalt
- Auszeit mit Weiterbildung

Familiäre Verpflichtungen:
- Pflege meiner kranken Mutter

Sporadische Aushilfsjobs:
- Aushilfsjobs zur Überbrückung

Übrigens sollten Sie auch bei Nachfragen im Vorstellungstermin nicht lange nach passenden Argumenten suchen müssen.

Ihr Lebenslauf ist nicht der Ort, an dem Sie Ihre (vermeintlichen oder tatsächlichen) Schwächen ausführlich behandeln sollten. Schließlich sind Ihre Stärken gefragt.
Große Defizite und Abweichungen vom gewünschten Bewerberprofil sollten Sie ohnehin im Vorfeld telefonisch klären. Nur so haben Sie eine Chance, dass ein Personalverantwortlicher Ihre Unterlagen überhaupt anschaut, obwohl Sie zum Beispiel nicht die geforderte Ausbildung mitbringen.
Mit kleineren Schwächen und Defiziten sollten Sie selbstbewusst umgehen. Denn den perfekten Bewerber gibt es sowieso nicht. Personalverantwortliche wissen das und haben mit den meisten vermeintlichen oder tatsächlichen Defiziten von Bewerbern weniger Probleme als die meisten Bewerber selbst.

Beachten Sie unbedingt: Bleiben Sie bei der Wahrheit. Wer schummelt, hat auf Dauer nichts davon. Denn meist kommt das schon beim Blick auf die Daten in den beigelegten Nachweisen heraus. Ein Bewerber hat selten eine Chance, damit durchzukommen. Auch im Vorstellungsgespräch fliegen Schummeleien häufig auf – weil ein Bewerber sich in Widersprüche verstrickt oder nicht mehr genau weiß, was er im Lebenslauf geschrieben hat. Personalentscheider reagieren ungehalten, wenn Sie entdecken, dass sie getäuscht werden. Wer aufgrund von falschen Angaben eine Stelle bekommt, wird damit wahrscheinlich nicht glücklich. Wesentliche Erfahrungen und Fertigkeiten bringt er nicht mit, er muss aber so tun, als ob, weil er sie im Lebenslauf angegeben hat. Wenn der Schwindel auffliegt und der Arbeitgeber erfährt, dass er getäuscht wurde, ist das ein Kündigungsgrund.

## Meine Erklärungen für Leerlaufphasen

## Die Zusatzseite

Normalerweise genügen Anschreiben, Lebenslauf und die üblichen Nachweise für eine vollständige Bewerbungsmappe. Daraus sollte zur Genüge hervorgehen, dass Sie sich für die betreffende Stelle eignen. Manche Bewerber meinen, eine zusätzliche Seite neben Anschreiben und Lebenslauf sei nötig, um auf weitere Qualitäten hinzuweisen. »Warum ich?« oder »Was Sie sonst noch über mich wissen müssen« lautet der Titel oft. In der Tat gibt es einige Gründe, die für eine solche Seite sprechen. Aber es gibt auch so manches, was dagegen spricht.

Nicht alle Personalverantwortlichen betrachten eine zusätzliche Seite mit Wohlwollen. Grund ist, dass sie Bewerbungen mit einer Zusatzseite bekommen, die keine neuen Erkenntnisse liefert. Manch ein Bewerber nutzt diese Plattform für ausufernde Selbstdarstellungen oder nichtssagende, aber schön klingende Phrasen. Ein Personalverantwortlicher betrachtet dann das Lesen dieser Seite als reine Zeitverschwendung.

Erste Grundregel: Eine zusätzliche Erklärungsseite ist nur angebracht, wenn Sie als Bewerber wirklich Wichtiges zu sagen haben. Dabei sollten Sie die Bedürfnisse – oder auch offenen Fragen – des Arbeitgebers im Auge behalten. Eine Erklärungsseite, auf der ein Bewerber ausschließlich um die eigene Person kreist, kommt selten gut an. In diesem Zusammenhang sei besonders gewarnt vor unnötigem Ballast wie

- Leitsprüche oder Devisen (z.B. »Mein Lebensmotto lautet ...«),
- Gemeinplätzen, die wohl jeder Bewerber über sich sagen könnte (z.B. »Ich arbeite hoch motiviert«, »Meine Stärken liegen im konzeptionellen Arbeiten«, »Meine Arbeitsweise ist verantwortungsbewusst«),
- leeren Phrasen (z.B. »Mein Arbeitsstil orientiert sich an bestimmten Leitideen. Trotzdem verliere ich nie den Blick fürs Machbare«, »Für mich ist es selbstverständlich, aus Fehlern zu lernen, aber auch meine Schwächen zu akzeptieren«).



Zweite Grundregel: Erklärungsbedürftige Aspekte in Ihrem Leben oder Werdegang, die in aller Regel schon in der ersten Auswahlrunde – also noch vor dem Vorstellungsgespräch – zu einem K.-o. führen, sollten Sie nicht schriftlich zu erklären versuchen. Beispiele für solche Aspekte sind

- eine falsche oder fehlende Ausbildung für eine ausgeschriebene Stelle,
- eine Einschränkung der möglichen Arbeitszeit auf Teilzeit (z.B. aufgrund von Kindererziehung) für eine Vollzeitstelle,
- eine Behinderung mit einem Grad der Behinderung (GdB) von größer als 30%.

Klären Sie vielmehr vorab in einem persönlichen Telefongespräch mit dem Personalverantwortlichen, ob Ihre Bewerbung überhaupt sinnvoll ist, obwohl beispielsweise die geforderte Ausbildung fehlt.
Damit erhöhen Sie Ihre Chancen, zu einem Vorstellungsgespräch eingeladen zu werden, immens. Denn wenn Sie den Personalverantwortlichen am Telefon von Ihren Stärken und von Ihrem Nutzen für die Firma überzeugen, wird er Sie trotz des vermeintlichen K.-o.-Aspekts kennenlernen wollen. Sollte es sich jedoch um einen Aspekt in Ihrem Leben handeln, der für die jeweilige Stelle tatsächlich ein Ausschlusskriterium darstellt, erfahren Sie das im Telefongespräch. So vermeiden Sie eine sinnlose Bewerbung, sparen Zeit, Geld und die vergebliche Hoffnung auf eine Einladung zu einem Vorstellungsgespräch.

**Erklärungsbedürftige Aspekte, die ich telefonisch klären werde**

______________________________

______________________________

______________________________

______________________________

______________________________

______________________________

Dritte Grundregel: Eine Zusatzseite ist für erklärungsbedürftige Aspekte Ihrer Eignung für eine ausgeschriebene Stelle angebracht, wenn die Erklärung so viel Raum einnehmen würde, dass sie Anschreiben oder Lebenslauf überfrachten würde. Beispiele für Aspekte Ihrer Eignung sind

- eine für die ausgeschriebene Stelle relevante Diplom-, Master- oder Doktorarbeit, die auf einer Zusatzseite allgemein verständlich erklärt wird,
- ein für die jeweilige Position interessanter Auslandsaufenthalt, der auf einer »dritten Seite« hinsichtlich Erfahrungs- und Fähigkeitsaufbau für die Position beschrieben wird,
- eine ehrenamtliche Tätigkeit in der Freizeit, die für die Zielstelle von Bedeutung ist und die auf einer Erklärungsseite zusätzlich dargestellt wird.

Generell gilt: Auf einer Zusatzseite sollte nur so viel wie nötig und so wenig wie möglich geschrieben stehen. eine Bewerbung mit Anschreiben, Lebenslauf und Nachweisen verursacht einem Personalverantwortlichen ohnehin bereits viel Arbeit, kostet Zeit und Konzentration. Alles, was zusätzliche Arbeit verursacht, schadet eher, als dass es nutzt.
Beachten Sie bei allen Ihren Bewerbungsaktivitäten, dass Sie sich als Arbeitnehmer und nicht als Arbeitsverursacher bewerben.

**Erklärungsbedürftige Aspekte, die ich auf einer Zusatzseite schriftlich klären werde**

## Die zehn häufigsten Fehler

Fehler 1: ein Bewerbungsfoto aus dem Automaten

Wenn Sie sich dazu entscheiden, ein Bewerbungsfoto mitzuschicken, dann muss das Foto von erstklassiger Qualität sein. Ein Bild sagt mehr als 1000 Worte. Automatenfotos, Urlaubsfotos, Schnappschüsse oder Selbstversuche sind tabu. Lassen Sie ein professionelles Bewerbungsfoto von einem professionellen Fotografen anfertigen.

Fehler 2: fehlende persönliche Daten

In Deutschland trat im August 2006 das Allgemeine Gleichbehandlungsgesetzt (AGG) in Kraft: »Ziel des Gesetzes ist, Benachteiligungen aus Gründen der Rasse oder wegen der ethnischen Herkunft, des Geschlechts, der Religion oder Weltanschauung, einer Behinderung, des Alters oder der sexuellen Identität zu verhindern oder zu beseitigen.« (AGG, § 1).
Seither ist es nicht mehr verpflichtend, in seinen Bewerbungsunterlagen persönliche Angaben zu machen. Dennoch gilt in Deutschland immer noch: Wer seine persönlichen Daten im Lebenslauf lückenhaft oder gar nicht angibt, wird nicht zu einem Vorstellungsgespräch eingeladen.

Fehler 3: unübersichtlicher Aufbau des Lebenslaufs

Wer seine Daten wie »Kraut und Rüben« zusammenstellt, macht es dem Personalverantwortlichen unnötig schwer, sich zurechtzufinden. Vermeiden Sie unbedingt Sprünge zwischen thematischer und chronologischer Reihenfolge. Verwenden Sie eine in sich stringente Darstellung. Vermeiden Sie auch einen Wechsel zwischen verschiedenen Zeitangaben. Verwenden Sie Zwischenüberschriften im Hauptteil und im thematischen Anhang des Lebenslaufs. Damit helfen Sie dem Empfänger, sich zu orientieren.

Fehler 4: ein zu umfangreicher Lebenslauf

Lebensläufe mit einem Umfang von drei und mehr Seiten sind eine Zumutung für jeden Personalverantwortlichen.
Wer es nicht schafft, alle für eine ausgeschriebene Stelle wichtigen Daten auf zwei Seiten Lebenslauf unterzubringen, schmälert seine Chancen auf ein Vorstellungsgespräch.

Fehler 5: wenig aussagekräftige Stationen im Hauptteil des Lebenslaufes

Wer zum Beispiel mehrere Jahre bei ein und demselben Arbeitgeber auf ein und derselben Position immer wieder ähnliche Tätigkeiten ausgeübt hat, neigt häufig dazu, im Lebenslauf kaum etwas darüber zu schreiben. Das ist ein Fehler. Ein Personalentscheider bekommt so keinen Eindruck davon, was Sie gearbeitet haben und was Sie können. Beschreiben Sie auf jeden Fall einige Ihrer Aufgaben, auch wenn sie Ihnen noch so selbstverständlich erscheinen.

Fehler 6: verschweigen von Leerlaufphasen

Brüche im Lebenslauf sind normal, und Leerlaufphasen hat mittlerweile fast jeder Mensch. Zeiten des Leerlaufs oder der Arbeitslosigkeit kommentarlos unter den Tisch fallen zu lassen, ist ein Fehler, der einen Bewerber in aller Regel schon in der ersten Auswahlrunde – also noch vor dem Vorstellungsgespräch – disqualifiziert. Lassen Sie Brüche im Lebenslauf ebenso zu wie die Tatsache, dass Ihr Leben nicht immer geradlinig verlaufen ist. Das ist normal.

Fehler 7: falsche Angaben

Bleiben Sie bei Ihren Angaben auf jeden Fall bei der Wahrheit. Lügen haben kurze Beine. Wenn Sie in Ihrem Lebenslauf falsche Angaben machen, fliegt das erfahrungsgemäß spätestens im Vorstellungsgespräch – auf Nachfrage – auf. Personalverantwortliche reagieren ungehalten, wenn Sie entdecken, dass Sie getäuscht wurden. Selbst wenn Sie das Vorstellungsgespräch bestehen und eingestellt werden, ist das ein Kündigungsgrund – auch wenn der Schwindel nach Vertragsschließung auffliegt.

Fehler 8: fehlende Informationen im thematischen Anhang des Lebenslaufs
Wer lediglich die mit Nachweisen belegbaren Stationen seines Lebens aufführt und auf zusätzliche Informationen verzichtet, schmälert seine Chancen. Gerade im thematischen Anhang des Lebenslaufs haben Bewerber die Möglichkeit, sich von der Masse abzuheben und zu zeigen, dass Sie über viele für die ausgeschriebene Stelle relevanten Fähigkeiten, Erfahrungen und Charaktereigenschaften verfügen.

Fehler 9: Rechtschreib- und Grammatikfehler
Für den Lebenslauf gilt das Gleiche wie für das Anschreiben: Es muss frei von Rechtschreib- und Grammatikfehlern sein. Denn gerade diese formalen Fehler sind vielen Personalverantwortlichen ein Dorn im Auge.

**Tipp** Ausdrucken und Korrektur lesen (lassen)!

Drucken Sie Ihren Lebenslauf aus und lesen Sie ihn auf Papier noch einmal durch. Bitten Sie auch eine weitere Person, ihn mit einem Rotstift zu korrigieren, und übertragen Sie die Korrekturen sorgfältig. Bei der Bewerbung im praktischen Bereich sind Rechtschreibfehler nicht unbedingt ein K.-o.-Kriterium, im kaufmännischen Bereich dagegen schon. Denn hiermit demonstrieren Sie, dass Sie im Schriftverkehr nicht die nötige Sorgfalt walten lassen.

Fehler 10: fehlende Unterschriften
Lebensläufe mit fehlender Unterschrift kommen häufiger vor, als man denkt. Sie zeugen zumindest von Nachlässigkeit. Manche Personalverantwortliche ziehen aus dem Fehlen der Unterschrift sogar den Schluss, dass ein Bewerber nicht zu dem steht, was er geschrieben hat.
Für eine digitale Bewerbung per E-Mail oder auf einer Onlineplattform gilt heute, dass ein getippter Namenszug unterhalb der Orts- und Datumsangabe genügt, um den Lebenslauf formal korrekt abzuschließen.

**Tipp** Vor dem Eintüten prüfen!

Bevor Sie die Bewerbung in einen Umschlag stecken, prüfen Sie sie noch einmal sorgfältig. Nicht nur das Anschreiben, sondern auch der Lebenslauf muss unterschrieben sein, am besten mit blauer Tinte. Eine eingescannte und mit Farbdrucker ausgedruckte Unterschrift ist nicht empfehlenswert. Wenn dieses Vorgehen auffliegt (was bei schlechter Auflösung die Regel ist), dann liegt der Verdacht einer Massenbewerbung nahe.

Auf den folgenden Seiten finden Sie 10 Musterlebensläufe mit Erläuterungsseiten, die den heute gültigen Stand zum Aufbau und zum Inhalt eines Lebenslaufs wiedergeben.

1

# *Lebenslauf*

***Persönliche Daten***
**Name:** Andrea Neumann
**Geburtsdatum:** 8. März 1996
**Geburtsort:** Karlsruhe
**Anschrift:** Gartenstraße 3, 81234 München
**Tel.:** 089 1234567
**E-Mail:** aneumann@mail.de

2

**Eltern:** Peter Neumann, Dipl.-Ing.
Carola Neumann, geb. Schmitt,
Reiseverkehrskauffrau

3

***Schulbildung***

August 2002 – Juli 2006: Grundschule in Ottobrunn
seit September 2006: Staatliche Realschule in Neubiberg
angestrebter Abschluss: Realschulabschluss im Juli 2012
Lieblingsfächer: Französisch (sehr gut), Mathematik (gut)

4

***Besondere Kenntnisse***

Sprachen: dreiwöchiger Französischsprachkurs Französisch in Paris
Computer: Microsoft Office (Word, Excel, PowerPoint)

***Praktische Erfahrung***

August 2011: vierwöchiges Praktikum im Bereich Veranstaltungsorganisation bei der Firma Müller Consult in Höhenkirchen

***Hobbys***

Klettern, Lesen, Tennis

München, 19. Januar 2012

*Andrea Neumann*

## 1 Strukturierung des Lebenslaufs

Andrea Neumann hat sich für ein Deckblatt entschieden (vgl. S. 77). Deshalb braucht sie auf den Lebenslauf nicht noch einmal ein Foto zu kleben. Als Schülerin kurz vor dem Schulabschluss wählt sie die chronologisch aufsteigende Form als zeitliche Gliederung, beginnend mit der Schulbildung. Das ist üblich und sinnvoll, da sie noch keine weiteren Stationen im Leben durchlaufen hat.

**Verwenden Sie ein Deckblatt?**

**Welche zeitliche Gliederung wählen Sie?**

## 2 Angabe zu den Eltern

Obwohl Angaben zu den Eltern im Kopf des Lebenslaufs nicht mehr üblich sind, erwähnt Andrea Neumann die Namen und Berufe ihrer Eltern. Das ist nicht zwingend nötig. Bei Bewerbungen um einen Ausbildungsplatz kann diese Angabe jedoch sinnvoll sein, besonders wenn daraus hervorgeht, dass der eigene Berufswunsch mit den Berufen der Eltern verwandt ist.

**Welche Berufe haben Ihre Eltern und sind diese mit Ihrem Berufswunsch verwandt?**

## 3 Der Hauptteil

Der Hauptteil des Lebenslaufs von Andrea Neumann besteht lediglich aus der Station »Schulbildung«. Deshalb führt sie auch ihre Grundschulzeit auf, obwohl das heute nicht mehr üblich ist. Außerdem erwähnt sie die Art und den Zeitpunkt des angestrebten Schulabschlusses und ihre Lieblingsfächer mit Noten. Das ist sinnvoll, um dem Personalverantwortlichen bereits einige Informationen über Neigung und Eignung zu geben (vgl. Anschreiben auf S. 30).

**Wie beschreiben Sie Ihre Station »Schulbildung«?**

## 4 Der thematische Anhang

Im thematischen Anhang des Lebenslaufs gibt Andrea Neumann weitere für die Ausbildungsstelle wichtige Informationen über ihre Fähigkeiten und Erfahrungen. Sie strukturiert die Angaben mit Zwischenüberschriften: »Besondere Kenntnisse«, »Praktische Erfahrungen« und »Hobbys«. Damit erleichtert sie dem Personalverantwortlichen die Orientierung.

**Welche zusätzlichen Informationen haben Sie für den Personalverantwortlichen?**

**Welche Zwischenüberschriften wählen Sie zur Strukturierung dieser Informationen?**

**Armin Probst** | Altmark-Allee 311<br>39104 Magdeburg | Tel.: 0391 33221100<br>Mobil: 0171 1223334444<br>E-Mail: a.probst@mailweb.de

1 **Lebenslauf**

| | |
|---|---|
| Geburtsdatum: | 08.04.1986 |
| Geburtsort: | Coburg |
| Staatsangehörigkeit: | deutsch |
| Familienstand: | nicht verheiratet, keine Kinder |

2 **Schule**

| | |
|---|---|
| 09/1996 – 07/2005 | Arnold-Gymnasium, Neustadt bei Coburg<br>Schwerpunktfächer Mathematik und Physik<br>Abitur-Note: 2,1 |

**Zivildienst**

| | |
|---|---|
| 11/2005 – 08/2006 | Naturschutzbund Deutschland e. V., Coburg<br>Zivildienst (Landschaftspflege) |

**Studium**

| | |
|---|---|
| 3 seit 10/2006 | Otto-von-Guericke-Universität Magdeburg<br>Studium der Elektrotechnik<br>Schwerpunkt regenerative Energie<br>– Bachelor-Thesis: „Nutzung von regenerativen Energien“<br>– Bachelor-Abschlussnote 1,9<br>– Master-Thesis: „Potenziale der Fotovoltaik in der Stadt- und Regionalplanung“<br>– Abschluss Master of Science im März 2012 |

**Praxissemester**

| | |
|---|---|
| 10/2008 – 03/2009 | Solar-Solution GmbH, Kulmbach<br>(Hersteller von Fotovoltaikanlagen, ca. 150 Mitarbeiter)<br>Praxissemester I: Bereich Forschung & Entwicklung |
| 04/2011 – 09/2011 | Städtische Verkehrsbetriebe, Coburg<br>Praxissemester II: Bereich Einsatz von Fotovoltaik |

4

– 1 –

### 1 Strukturierung des Lebenslaufs

Armin Probst ist 25 Jahre alt und bewirbt sich kurz vor Abschluss seines Studiums direkt auf eine Stelle als wissenschaftlicher Mitarbeiter (vgl. Anschreiben auf S. 38). Deshalb wählt er die chronologisch aufsteigende Form als zeitliche Gliederung, beginnend mit der Schulbildung. So kann er den Empfänger auf der ersten Seite seines Lebenslaufs über alle wichtigen Stationen informieren.

**Welche zeitliche Gliederung wählen Sie?**

### 2 Der Hauptteil

Den Hauptteil seines Lebenslaufs strukturiert Armin Probst entlang der bisherigen Stationen in seinem Leben: »Schule«, »Zivildienst«, »Studium« und »Praxissemester« im Studium. Er benennt das Anfangs- und Enddatum der jeweiligen Station. Durch die Verwendung der Zwischenüberschriften erleichtert Armin Probst dem Empfänger seiner Bewerbung die Orientierung.

**Wie benennen Sie die einzelnen Stationen im Hauptteil Ihres Lebenslaufs?**

### 3 Die Gestaltung

Als Gestaltungsprinzip wählt Armin Probst eine einheitliche Datumsangabe (zwei Ziffern für den Monat und vier Ziffern für das Jahr) sowie eine einheitliche Hervorhebung aller Zwischenüberschriften durch Fettstellung. Die einzelnen Stationen seines Hauptteils baut er nach einem stringenten Prinzip auf: von wann bis wann – er in welcher Institution – in welcher Stadt – was gemacht hat. Dadurch kann ein Personalverantwortlicher die Informationen schneller wahrnehmen.

**Wie gestalten Sie Ihren Lebenslauf übersichtlich?**

**Nach welchem Prinzip bauen Sie die einzelnen Stationen des Hauptteils auf?**

### 4 Seitenzahlen

Armin Probst kennzeichnet die Seiten seines Lebenslaufs mit Seitenzahlen. Das ist sehr sinnvoll, denn ein Personalverantwortlicher erhält in aller Regel eine große Menge an Bewerbungen. Durch die Angabe der Seitenzahlen kann der Empfänger den Überblick behalten, selbst wenn einzelne Seiten durcheinandergeraten.

**Wie viele Seiten hat Ihr Lebenslauf und an welcher Stelle geben Sie die Seitenzahl in welcher Form an?**

**Lebenslauf**

5 **Armin Probst**

Altmark-Allee 311
39104 Magdeburg

Tel.: 0391 33221100
Mobil: 0171 1223334444
E-Mail: a.probst@mailweb.de

6 **Sprachen**
Englisch: gute Kenntnisse in Wort und Schrift
Französisch: ausbaufähige Grundkenntnisse

**EDV-Kenntnisse**
Microsoft Office: Word, Excel, Outlook, PowerPoint, Access
Software für die Messtechnik

**Hobbys**
Bergwandern und Bergsteigen mit meiner Familie
Elektromobilität (aktives Mitglied im Bundesverband eMobilität e.V.)

**Persönliche Eigenschaften**
Verantwortungsbewusstsein, Gewissenhaftigkeit, Zuverlässigkeit
Analytisch-kreativer Forschergeist

Magdeburg, 28.01.2012

7 *Armin Probst*

– 2 –

### 5 Orientierungshilfe

Außerdem kennzeichnet Armin Probst jede einzelne Seite seines Lebenslaufs mit seinem Namen. Durch die Namensangabe kann der Personalverantwortliche einzelne Lebenslaufseiten auch dann zuordnen, wenn diese zum Beispiel fälschlicherweise in eine andere Bewerbungsmappe geraten.

**Wo platzieren Sie auf der zweiten Seite Ihres Lebenslaufs Ihren Namen in welcher Form?**

### 6 Der thematische Anhang

Im thematischen Anhang des Lebenslaufs führt Armin Probst zusätzliche Informationen an, die für die angestrebte Stelle wichtig sind. Da er bislang außerhalb seiner Praxissemester keine nennenswerte Berufserfahrung gesammelt hat, erwähnt er hier nicht nur seine EDV- und Sprachkenntnisse, sondern auch seine Interessen (unter »Hobbys«) und seine persönlichen Eigenschaften.

**Welche zusätzlichen Informationen sind für die von Ihnen angestrebte Stelle wichtig?**

**Mit welchen Zwischenüberschriften strukturieren Sie diese zusätzlichen Informationen?**

### 7 Abschluss des Lebenslaufs

Armin Probst schließt seinen Lebenslauf formal korrekt mit der Angabe des Ortes, des Datums und seiner Unterschrift (bei Bewerbungen auf dem Postweg) bzw. seinem Namen in getippter Form (bei digitalen Bewerbungen via E-Mail oder Onlineplattform) ab. Damit bestätigt er seine Angaben und signalisiert, dass er dafür geradesteht.

**Wie schließen Sie Ihren Lebenslauf ab?**

1 **Lebenslauf**

**Zu meiner Person:**

| | |
|---|---|
| Name: | Arne Kräftig |
| Anschrift: | Bienwaldstr. 16<br>67658 Kaiserslautern |
| Geburtsdatum: | 21. August 1978 |
| Geburtsort: | Pirmasens |
| Staatsangehörigkeit: | deutsch |
| Familienstand: | verheiratet, ein Kind |
| angestrebte Position: | Verkaufsberater Telekommunikation |

2 **Schule, Wehrdienst, Studium:**

| | |
|---|---|
| 09/1988 – 06/1997 | **Schulausbildung**<br>Realschule Pirmasens<br>Aufbaugymnasium Kaiserslautern<br>Abschluss mit Abitur: Note 2,2 |
| 08/1997 – 09/1999 | **Zivildienst**<br>Seniorenheim Rheinblick, Koblenz |
| 10/1999 – 09/2002 | **Studium der Betriebswirtschaft, Universität Trier**<br>Schwerpunkt Absatzwirtschaft und Vertrieb<br>Vordiplom: Note 2,5<br>3 Abbruch nach 6 Semestern (Grund: zu viel Theorie, zu wenig Praxis) |

**Beruflicher Werdegang:**

| | |
|---|---|
| 10/2002 – 12/2002 | arbeitssuchend |
| 4 01/2003 – 07/2003 | **Freiwillige Mitarbeit bei einem Transfair-Kaffee-Projekt, Guayaquil, Ecuador**<br>Mitarbeit in der Kontaktstelle Südamerika – Europa<br>Konzeption einer Diaserie über den fairen Handel<br>Planung der Produktions- und Verkaufszahlen |

– 1 –

**1 Strukturierung des Lebenslaufs**
Arne Kräftig hat im Alter von 34 Jahren schon fast zehn Jahre Berufserfahrung im Vertrieb. Er wählt dennoch die chronologisch aufsteigende Form als zeitliche Gliederung, beginnend mit der Schulbildung; denn er ist erst seit kurzem arbeitslos und möchte seinen Lebenslauf nicht mit dieser negativen Information beginnen. Wäre er maximal sechs Monate lang arbeitslos, könnte Arne Kräftig auch die chronologisch absteigende Form als zeitliche Gliederung wählen, beginnend mit der aktuellen Situation. Denn er ist aufgrund einer Standortschließung ohne eigenes Zutun arbeitslos geworden (vgl. Anschreiben auf S. 46).

**Welche zeitliche Gliederung wählen Sie – und warum?**

## Der Hauptteil

**2** Den Hauptteil seines Lebenslaufs strukturiert Arne Kräftig in zwei Teile: »Schule, Wehrdienst, Studium« und »Beruflicher Werdegang«. Durch die Verwendung der Zwischenüberschriften erleichtert Arne Kräftig dem Empfänger seiner Bewerbung die Orientierung.

**Wie benennen Sie die einzelnen Stationen im Hauptteil Ihres Lebenslaufs?**

**3 Abbruch des Studiums**
Arne Kräftig hat sein Studium abgebrochen – und er steht dazu. Das ist sinnvoll, denn durch seine Zeugnisse ist der Abbruch des Studiums ohnehin offensichtlich und spätestens in einem Vorstellungsgespräch wird danach gefragt werden. Wichtig dabei: Er erwähnt, dass er das Vordiplom bestanden hat. Arne Kräftig kommentiert auch, warum er das Studium abgebrochen hat (zu viel Theorie, zu wenig Praxis). Damit gibt er einen nachvollziehbaren Grund für seine Entscheidung an.

**Haben Sie ein Studium oder eine Ausbildung abgebrochen? Wenn ja, welche Leistungsnachweise haben Sie bis zum Abbruch gesammelt und aus welchem Grund haben Sie abgebrochen?**

**4 Die Gestaltung**
Als Gestaltungselemente wählt Arne Kräftig eine einheitliche Datumsangabe (zwei Ziffern für den Monat und vier Ziffern für das Jahr) und eine Hervorhebung dessen, was er gemacht hat (mittels Fettstellung).

**Welche Gestaltungselemente verwenden Sie?**

5 Lebenslauf Arne Kräftig

**Beruflicher Werdegang:**

| | |
|---|---|
| 08/2003 – 06/2008 | **Vertriebsmitarbeiter, RGDF-Pharma AG, Neu-Ulm**<br>Trainee im Vertriebswesen (1 Jahr), wechselnde Stationen:<br>Lehrgang „Grundlagen im Verkauf/Vertrieb“ (2 Monate)<br>Marktforschungsabteilung (4 Monate)<br>Außendienst in Begleitung eines Bezirksverkaufsleiters (6 Monate)<br>Bezirksverkaufsleiter für den Bezirk südliches Rheinland:<br>Betreuung vorhandener Kunden (Ärzte, Apotheker)<br>Aufbau neuer Kundenbeziehungen<br>Einarbeitung neuer Mitarbeiter |
| 6 07/2008 – 12/2008 | arbeitssuchend |
| 7 01/2009 – 07/2012 | **Versicherungsberater, All-Secure-Versicherung, Berlin**<br>Bezirksleiter im Außendienst für den Bezirk Kaiserslautern<br>Beratung von Kunden<br>Erstellung von Analysen über den individuellen Versicherungsbedarf<br>Verkauf von Policen<br>Abwicklung von Schadensmeldungen |
| seit 08/2012 | arbeitssuchend |

8 **Aktivitäten und Mitgliedschaften:**

| | |
|---|---|
| seit 03/2009 | Mitgliedschaft im Radsportclub Kaiserslautern |
| seit 01/2010 | Leitung einer Jugendmannschaft |

**Sprachkenntnisse:**

| | |
|---|---|
| Englisch | gute Kenntnisse |
| Spanisch | fließend |

**Sonstige Interessen:**

Radsport, Computer- und Telekommunikationstechnik

Kaiserslautern, 30.10.2012

Arne Kräftig

– 2 –

## 5 Orientierungshilfe

Arne Kräftig kennzeichnet die Seiten seines Lebenslaufs mit Namen und Seitenzahl. Der Personalverantwortliche kann die einzelnen Seiten so besser zuordnen.

**Wie kennzeichnen Sie die Seiten mit Ihrem Namen und der Seitenzahl?**

## 6 Leerlaufphasen

Arne Kräftig hatte seit dem Abbruch seines Studiums drei Leerlaufphasen (jeweils kürzere Phasen – bis zu sechs Monaten – der Arbeitslosigkeit). Er weiß, dass er diese nicht einfach unter den Tisch fallen lassen kann. Er führt alle drei Leerlaufphasen auf und kommentiert die Zeitspannen als Phasen der Arbeitssuche. Erst bei längerer Arbeitslosigkeit (länger als sechs Monate) sollte er darauf achten, sich während der Leerlaufphase nicht nur zu bewerben, sondern auch noch einen EDV- oder Sprachkurs bzw. eine andere berufsbezogene Fortbildung zu absolvieren – und diese im Lebenslauf aufzuführen.

**Welche Leerlaufphasen haben Sie in Ihrer beruflichen Laufbahn und wie kommentieren Sie diese?**

## 7 Die einzelnen Berufsstationen

Arne Kräftig führt detailliert auf, in welchem Tätigkeitsbereich (Vertriebsmitarbeiter; Versicherungsberater) er bei welchem Unternehmen (RGDF-Pharma AG; All-Secure-Versicherung) in welcher Stadt (Neu-Ulm; Berlin) in welcher Funktion (Trainee; Bezirksverkaufsleiter; Bezirksleiter) gearbeitet und welche Aufgaben er erledigt hat. Dabei gilt das Prinzip: so viele Informationen wie nötig, damit sich ein Personalverantwortlicher ein Bild von Arne Kräftig machen kann – so wenig Informationen wie möglich, damit der Lebenslauf nicht überfrachtet wirkt.

**Wie bauen Sie die einzelnen Berufsstationen inhaltlich auf?**

## 8 Der thematische Anhang

Im thematischen Anhang des Lebenslaufs führt Arne Kräftig zusätzliche Informationen auf, die Rückschlüsse auf seine körperliche Fitness (Radsport) und sein Verantwortungsbewusstsein (Leitung einer Jugendmannschaft) zulassen.

**Welche zusätzlichen Informationen sind für die von Ihnen angestrebte Stelle wichtig?**

# Lebenslauf

## Persönliche Daten

| | |
|---|---|
| Name | Angelika Plessar |
| Anschrift | Am Fuchsgrund 11<br>06246 Delitzsch<br>Tel.: 0351 111222333<br>E-Mail: a.plessar@webprovider.de |
| Geburtsdatum | 27. März 1965 |
| Geburtsort | Görlitz |
| Staatsangehörigkeit | deutsch |
| Familienstand | verheiratet, keine Kinder |

1

## Ausbildung und beruflicher Werdegang

2

| | |
|---|---|
| 08/1971 – 06/1981 | Polytechnische Oberschule, Görlitz<br>**Abschluss der 10. Klasse (mittlere Reife)** |
| 08/1981 – 07/1983 | VEB Nachrichtentechnik und Berufsschule, Dresden<br>**Ausbildung zur Facharbeiterin für Schreibtechnik** |
| 08/1983 – 12/1990 | VEB Nachrichtentechnik, Dresden<br>**Sekretärin**<br>Schreibarbeiten, Korrespondenz |
| 01/1991 – 03/1993 | Halbleiterwerk, Görlitz<br>**Sekretärin**<br>Schreibarbeiten, Büroorganisation |
| 3 04/1993 – 12/1993 | arbeitssuchend nach Insolvenz des Werks |
| 01/1994 – 12/1995 | **Weiterbildung zur Fremdsprachensekretärin**<br>Schwerpunkt: Russisch<br>Nebenfach: Polnisch |
| 3 01/1996 – 03/1996 | arbeitssuchend |

– 1 –

### 1 Strukturierung des Lebenslaufs

Angelika Plessar ist 46 Jahre alt und bringt insgesamt fast 25 Jahre Berufserfahrung mit (vgl. Anschreiben auf S. 48). Das spricht für eine zeitliche Gliederung in chronologisch absteigender Form, beginnend mit der aktuellen Situation. Allerdings ist Angelika Plessar seit fast eineinhalb Jahren arbeitslos und sollte Ihren Lebenslauf nicht mit dieser Information beginnen. Deshalb wählt sie die chronologisch aufsteigende Form als zeitliche Gliederung, beginnend mit der Schulbildung.

**Welche zeitliche Gliederung wählen Sie – und warum?**

### 2 Der Hauptteil

Im Hauptteil ihres Lebenslaufs führt Angelika Plessar die einzelnen Stationen ihres Lebens nacheinander auf. Dadurch erhält ein Personalverantwortlicher einen lückenlosen Überblick über ihren Werdegang. Angelika Plessar erwähnt auch eine zweijährige Weiterbildung zur Fremdsprachensekretärin, obwohl sie im thematischen Anhang eine eigene Kategorie »Weiterbildungen« anführt. Das ist sinnvoll, denn sie hat mit der Weiterbildung einen berufsqualifizierenden Abschluss erlangt.

**Wie strukturieren Sie den Hauptteil Ihres Lebenslaufs?**

### 3 Leerlaufphasen (Teil 1)

Angelika Plessar hat zu DDR-Zeiten die Schule besucht, eine Ausbildung zur Facharbeiterin für Schreibtechnik absolviert und bis zur Wende sieben Jahre als Sekretärin in einem DDR-Betrieb gearbeitet. Nach der Wende und nach weiteren fast zweieinhalb Jahren Berufstätigkeit als Sekretärin hat ihr Arbeitgeber Insolvenz angemeldet.

In der schwierigen Nachwendezeit war Angelika Plessar neun Monate arbeitslos, bevor sie sich für eine Weiterbildung zur Fremdsprachensekretärin entschieden hat. Nach Abschluss ihrer Weiterbildung folgten weitere drei Monate Arbeitslosigkeit, ehe Angelika Plessar über ein Praktikum den Einstieg in eine feste Anstellung fand. Diese beiden Leerlaufphasen der Arbeitslosigkeit müssen nicht ausführlich kommentiert werden, da sie aus dem geschichtlichen Zusammenhang heraus zu verstehen sind.

**Welche Leerlaufphasen haben Sie? Wie lange dauerten diese an? Und wie können Sie die Leerlaufphasen möglicherweise kommentieren?**

Lebenslauf Angelika Plessar

## Beruflicher Werdegang

| | | |
|---|---|---|
| 4 | 04/1996 – 08/2010 | Cowatco KG, Leipzig<br>(Hersteller von Hobelmaschinen, ca. 150 Mitarbeiter)<br>**Praktikantin in wechselnden Abteilungen**<br>(2 Monate)<br><br>**Teamassistentin in der Auslandsabteilung**<br>Büroorganisation<br>Buchung von Geschäftsreisen<br>Erledigung der Korrespondenz mit Osteuropa<br>Anfertigung von Übersetzungen<br>Erstellung von Präsentationen |
| 5 | seit 09/2010 | Auslandsreise nach Vietnam (vier Monate)<br>arbeitssuchend<br>Computerkurse (MS Office) |

## Weiterbildungen

| | |
|---|---|
| 09/1997 | IHK-Seminar: „Durch flexible Organisation den Chef entlasten“ |
| 03/1999 | „Basics bei der Geschäftsreiseplanung“ |
| 02/2006 | Vertiefungskurs PowerPoint |
| 04/2010 | Crashkurs englische Korrespondenz |

## 6 Kenntnisse und Fertigkeiten

**Sprachen**

| | |
|---|---|
| Russisch | fließend in Wort und Schrift |
| Polnisch | gute Kenntnisse |
| Englisch | ausbaufähige Grundkenntnisse |

**EDV-Kenntnisse**

| | |
|---|---|
| Microsoft Office | alle gängigen Anwendungen |

Delitzsch, 06.02.2012

*Angelika Plessar*

– 2 –

### 4 Die Berufsstation Cowatco KG

Angelika Plessar hat fast 14,5 Jahre bei der Firma Cowatco gearbeitet. Das ist die längste zusammenhängende Zeitspanne, in der sie – nach der Wende – Berufserfahrung als Teamassistentin in der Auslandsabteilung gesammelt hat. Und diese wichtige Station in ihrem Leben beschreibt sie detailliert, indem sie die Aufgaben nennt, für die sie zuständig war. Das ist sehr sinnvoll, denn damit vermittelt Angelika Plessar dem Personalverantwortlichen einen Eindruck über ihre Fähigkeiten und Eignung für die angestrebte Stelle als Assistentin des Geschäftsführers.

**Wie beschreiben Sie Ihre Berufsstationen inhaltlich?**

### 5 Leerlaufphasen (Teil 2)

Angelika Plessar ist seit September 2010 und damit seit fast eineinhalb Jahren arbeitslos. Diese Leerlaufphase ist im Gegensatz zu den ersten beiden Phasen der Arbeitslosigkeit erklärungsbedürftig. Angelika Plessar hat bereits im Anschreiben (vgl. S. 48) erwähnt, dass ihr Arbeitgeber zum 31.08.2010 den Standort Leipzig verlagert hat. Außerdem hat sie über ihre viermonatige Reise nach Vietnam informiert und darüber, dass sie ihre Computerkenntnisse auffrischt und erweitert. Diese Informationen müssen auch im Lebenslauf erscheinen.

**Sind Sie bereits seit mehr als sechs Monaten arbeitslos? Was unternehmen Sie, um parallel zur Arbeitssuche die Zeit sinnvoll zu füllen?**

### 6 Der thematische Anhang

Im thematischen Anhang beschränkt sich Angelika Plessar auf die Nennung einiger kürzerer Seminare, die für die angestrebte Stelle wichtig sind, und nennt ihre EDV- und Sprachkenntnisse.

**Welche zusätzlichen Informationen sind für die von Ihnen angestrebte Stelle wichtig?**

# Lebenslauf

1 Persönliche Daten

| | |
|---|---|
| Name | Leonie Pfeiffer, geborene Schmidt |
| Anschrift | Winstr. 60<br>10405 Berlin |
| Geburtsdatum | 12. September 1974 |
| geboren in | Hannover |
| Staatsangehörigkeit | deutsch |
| Familienstand | verheiratet, eine Tochter (3 Jahre) |

2 Beruflicher Werdegang

| | |
|---|---|
| 3 05/2009 – 08/2012 | Geburt meiner Tochter Anna Maria, Elternzeit |
| 4 10/2003 – 04/2009 | Deubner Cosmetics GmbH, Berlin<br>(mittelständischer Betrieb, ca. 600 Angestellte)<br>Projektmanagerin, verantwortlich für die Einführung der Herren-Kosmetikmarke „Markant“,<br>Aufgaben:<br>– Marktforschung und Bedarfsermittlung<br>– Konzeption des Produktauftritts<br>– Organisation und Betreuung der Werbemaßnahmen<br>– Anleitung externer Dienstleister |
| 01/2002 – 09/2003 | Trainee, Randorff AG, Mannheim<br>(Waschmittel- und Seifenhersteller, ca. 280 Mitarbeiter)<br>Stationen: Forschung, Produktion, Marketing und Vertrieb<br>Abschlussarbeit: Relaunch der Damen-Shampoomarke „Wave“ |

Praktika

| | |
|---|---|
| 08/1999 – 09/1999 | Redussa GmbH, Dortmund (Reifenhersteller, ca. 150 Angestellte)<br>Aufgaben:<br>– Mitarbeit in der Marketingabteilung<br>– Marktforschung<br>– Produkttests<br>– Auswertung der Kundenzufriedenheit |
| 10/1998 | Praktikum bei der IHK Hannover<br>Aufgaben:<br>– Beratung angeschlossener Unternehmen im Marken- und Produktrecht<br>– Erstellung einer Infobroschüre über Markenrecht und Markenschutz |

– 1 –

### 1 Persönliche Angaben

Leonie Pfeiffer ist verheiratet und hat den Namen ihres Mannes angenommen. Sie führt ihren »Mädchennamen« Schmidt auf, da das Abiturzeugnis und die Urkunde des ersten Staatsexamens auf den Namen Leonie Schmidt ausgestellt sind.

**Geben Sie auch Ihren »Mädchennamen« an, wenn Sie verheiratet sind und den Namen Ihres Partners angenommen haben:**

### 2 Strukturierung des Lebenslaufs

Leonie Pfeiffer ist 37 Jahre alt und bringt acht Jahre einschlägige Berufserfahrung als Projektmanagerin im Marketingbereich mit (vgl. Anschreiben auf S. 44). Sie wählt die chronologisch absteigende Form als zeitliche Gliederung, beginnend mit der aktuellen Situation. Das ist selbstbewusst, denn Leonie Pfeiffer befindet sich seit der Geburt ihrer Tochter Anna Maria seit gut drei Jahren in Elternzeit. Personalverantwortliche schätzen jedoch den offenen Umgang mit Fakten. Deshalb ist diese Vorgehensweise sinnvoll.

**Welche zeitliche Gliederung wählen Sie?**

### 3 Der Hauptteil

Den Hauptteil ihres Lebenslaufs strukturiert Leonie Pfeiffer durch die Zwischenüberschriften »Beruflicher Werdegang« und »Praktika« (auf der ersten Seite) sowie »Studium«, »Auslandsjahr« und »Schule« (auf der zweiten Seite). Damit stellt sie das, was einen Personalverantwortlichen am meisten interessiert, in den Vordergrund: die Berufserfahrung.

**Wie strukturieren Sie die einzelnen Stationen im Hauptteil Ihres Lebenslaufs?**

### 4 Die Gestaltung

Als Gestaltungsprinzip wählt Leonie Pfeiffer eine einheitliche Datumsangabe (zwei Ziffern für den Monat und vier Ziffern für das Jahr) und ein stringentes Prinzip für den Aufbau der einzelnen Stationen: von wann bis wann – sie in welcher Institution – in welcher Stadt – in welcher Funktion – was gemacht hat. Dadurch kann ein Personalverantwortlicher die Informationen schneller wahrnehmen.

**Nach welchem Prinzip bauen Sie die einzelnen Stationen des Hauptteils Ihres Lebenslaufs auf und wie gestalten Sie Ihren Lebenslauf klar und übersichtlich?**

Lebenslauf Leonie Pfeiffer

## Studium

| | |
|---|---|
| 10/1995 – 11/2001 | Georg-August-Universität in Göttingen<br>Studium der Rechtswissenschaften<br>Abschluss: Erstes Staatsexamen (2,5) |
| 5 04/1997 – 11/2001 | Stipendiatin der Studienstiftung des deutschen Volkes<br>Teilnahme an<br>– Ferienakademie (Thema: Industriestaaten im Umbruch, neue Lösungskonzepte für die Einwanderungsgesellschaft)<br>– Seminar „Rhetorik und Selbstpräsentation“<br>– Sprachkurs Spanisch in Sevilla, Spanien |
| 08/1998 | studienbegleitender vierwöchiger BWL-Kurs |

## 6 Auslandsjahr

| | |
|---|---|
| 08/1994 – 07/1995 | ein Jahr Neuseeland mit Sprachkurs und Reisen |

## Schule

| | |
|---|---|
| 08/1985 – 07/1994 | Droste-Hülshoff-Gymnasium, Hannover<br>Abschluss: Abitur (1,6) |

## 7 Weitere Kenntnisse

| | |
|---|---|
| Sprachkenntnisse: | Englisch fließend<br>Französisch gute Kenntnisse<br>Spanisch Grundkenntnisse |
| Computerkenntnisse: | sicherer Umgang mit MS Office, MS Project und SAP CRM |

## Interessen

Ehrenamtliches Engagement in der Jugendarbeit
Sport (Volleyball)
Städtereisen

Berlin, 06.08.2012

*Leonie Pfeiffer*

– 2 –

### 5 Stipendiatin der Studienstiftung

Leonie Pfeiffer war Stipendiatin der Studienstiftung des Deutschen Volkes. Das ist für einen potenziellen Arbeitgeber eine interessante Information, denn nicht alle Studenten haben die Voraussetzungen für ein Stipendium (Auszeichnungscharakter). Zudem konnte Leonie Pfeiffer über einen Zeitraum von mehr als vier Jahren an mehreren interessanten Veranstaltungen teilnehmen und wesentliche Fähigkeiten für ihre berufliche Laufbahn entwickeln (Rhetorik, Selbstpräsentation, Spanisch).

**Wurden Sie während ihres Studiums z.B. aufgrund besonderer Begabung gefördert?**

### 6 Auslandsjahr

Leonie Pfeiffer war nach ihrem Abitur mit einem Work-and-Travel-Visum für ein Jahr in Neuseeland. In den ersten vier Wochen absolvierte sie in Auckland einen Sprachkurs. In den folgenden elf Monaten bereiste sie hauptsächlich das Land. Leonie Pfeiffer erwähnt ihr Auslandsjahr nicht nur, um einen lückenlosen Werdegang vorzulegen. Sie weiß, dass ein Jahr im Ausland – auch wenn es sich dabei überwiegend um eine Reise handelt – von Personalverantwortlichen als wichtige persönliche Lebenserfahrung gewertet wird.

**Waren Sie längere Zeit im Ausland – wenn ja, wo und warum?**

### 7 Der thematische Anhang

Im thematischen Anhang des Lebenslaufs führt Leonie Pfeiffer weitere Kenntnisse (Sprachen und EDV) sowie ihre persönlichen Interessen auf. Damit rundet sie das Bild, das ein Personalverantwortlicher über sie bekommt, ab.

**Welche weiteren Kenntnisse, die für die ausgeschriebene Stelle wichtig sind, bringen Sie mit?**

**Welche persönlichen Interessen runden das Bild von Ihnen ab?**

Hans Lehmann, Lindenallee 3, 20100 Hamburg, Tel.: 040 123456,
Mail: lehmann@net.com

**Lebenslauf**

Persönliche Daten

| | | |
|---|---|---|
| | Name: | Hans Lehmann |
| | Geburtsdatum: | 13. August 1966 |
| | Geburtsort: | Bad Tölz |
| 1 | Familienstand | verwitwet, drei Kinder (16, 18 und 19 Jahre alt) |

2 Werdegang

**Personalleiter im Einzelhandel**

| | | |
|---|---|---|
| 3 | 10/2004 bis heute | Personalleiter<br>Sports and Adventure AG (Sportartikel-Einzelhändler, 600 Mitarbeiter), Hamburg<br>Ziel der Position: Personalkosten sparen, Qualitätsstandards wahren<br>Aufgaben: Personalauswahl, Konzeption von Weiterbildungsmaßnahmen, Erstellen von Personaleinsatzplänen, Kontakt mit dem Betriebsrat, Beratung der Geschäftsführung in personalrechtlichen Fragen, Frauenförderung, Erarbeitung von Sozialplänen und Outplacement-Maßnahmen, Pflege der Firmenstammdaten, Überwachung der Lohnabrechnungen |

**Personalleiter bei einem Dienstleister**

| | | |
|---|---|---|
| 4 | 07/2001 bis 09/2004 | Personalleiter<br>WPG Steuerberatung – Wirtschaftsprüfung – Unternehmensberatung (250 Mitarbeiter), Düsseldorf<br>Ziel der Position: Auswahl geeigneter Mitarbeiter, Motivation, Bindungs- und Qualifikationsmaßnahmen<br>Aufgaben: Personalauswahl, Qualifikationsanalyse, Konzeption von Weiterbildungsmaßnahmen, Beratung der Geschäftsführung bei Personalrecht und -einsatz |

**Neuorientierung**

| | | |
|---|---|---|
| 5 | 01/2001 bis 06/2001 | Phase der Neuorientierung und Bewerbung |

– 1 –

**1** **Angaben zum Familienstand**
Hans Lehmann erwähnt, dass er drei Kinder hat. Er nennt das Alter der Kinder, um dem Empfänger seiner Bewerbung zu signalisieren, dass diese aus dem versorgungsintensiven Alter herausgewachsen sind.

**Haben Sie Kinder – und wenn ja, wie viele und in welchem Alter?**

**2** **Strukturierung des Lebenslaufs**
Hans Lehmann ist 45 Jahre alt und bewirbt sich aus einem ungekündigten Arbeitsverhältnis. Deshalb wählt er die chronologisch absteigende Form als zeitliche Gliederung, beginnend mit der aktuellen Tätigkeit. Damit informiert er den Empfänger sofort über das, was den am meisten interessiert: die letzten zehn Lebens- und Berufsjahre (vgl. Anschreiben auf S. 54).

**Welche zeitliche Gliederung wählen Sie?**

## Der Hauptteil (Teil 1)

**3** Den Hauptteil seines Lebenslaufs strukturiert Hans Lehmann zunächst durch die Aufzählung seiner beruflichen Positionen innerhalb seiner Anstellungsverhältnisse.

**Wie benennen Sie die beruflichen Stationen im Hauptteil Ihres Lebenslaufs?**

**4** **Die Gestaltung**
Als Gestaltungsprinzip wählt Hans Lehmann eine einheitliche Datumsangabe (zwei Ziffern für den Monat und vier Ziffern für das Jahr). Auch die einzelnen Stationen baut er stringent nach einem durchgängigen Prinzip auf: von wann bis wann – er in welcher Funktion – in welchem Unternehmen – in welcher Stadt – mit welchem Ziel – welche Aufgaben erledigt hat. Damit erleichtert er dem Personalverantwortlichen eine schnelle Orientierung.

**Nach welchem Prinzip bauen Sie die einzelnen beruflichen Stationen im Hauptteil Ihres Lebenslaufs auf und wie gestalten Sie Ihren Lebenslauf klar und übersichtlich?**

**5** **Leerlaufphasen**
Hans Lehmann hat eine halbjährige Leerlaufphase in seiner beruflichen Laufbahn. Als Personalleiter weiß er, dass er diese nicht einfach unter den Tisch fallen lassen kann. Er führt das halbe Jahr auf und kommentiert die Zeitspanne als Neuorientierungs- und Bewerbungsphase.

**Welche Leerlaufphasen haben Sie in Ihrer beruflichen Laufbahn und wie kommentieren Sie diese?**

6 Lebenslauf Hans Lehmann

**Personalleiter in der Industrie**

| | |
|---|---|
| 01/1997 bis 12/2000 | Stellvertretender Personalleiter<br>Mercke & Söhne GmbH (Hersteller von Klimaanlagen, 2 000 Mitarbeiter), Darmstadt<br>Ziel der Position: optimale Auslastung der Maschinen, reibungsloser Produktionsablauf bei kostensparendem Personaleinsatz<br>Aufgaben: Erstellung von Personaleinsatzplänen für den Schichtbetrieb, Überwachung der Lohn- und Gehaltsabrechnung (2 Mitarbeiter), Kontakt zu den Betriebsräten der Niederlassungen, Beratung der Geschäftsführung in personalrechtlichen Fragen |

**Einstiegsposition Personalbereich in einem Verlagshaus**

| | |
|---|---|
| 12/1995 bis 12/1996 | Mitarbeiter in der Personalabteilung<br>Verlagsgruppe Recke & Goldberg (Fachverlag für Finanzberichterstattung, ca. 350 Mitarbeiter), Frankfurt<br>Ziel der Position: einwandfreie und kostensparende Personalbuchführung<br>Aufgaben: Erstellung der monatlichen Gehaltsabrechnungen, Vorbereitung von Betriebsprüfungen durch die Sozialversicherung<br>berufsbegleitende Weiterbildung: Personalwirt der IHK |

7 **Studium**

| | |
|---|---|
| 10/1990 bis 09/1995 | Studium der Betriebswirtschaft, Schwerpunkt Personal und Organisation<br>Ludwig-Maximilians-Universität, München<br>Abschluss: Diplom-Kaufmann |

**Lehrzeit und Gesellenjahr**

| | |
|---|---|
| 08/1986 bis 07/1990 | Bäckerlehre und Arbeit als Bäckergeselle<br>Bäckerei Moshammer, Bad Tölz<br>Abschluss: Gesellenbrief |

**Schulbildung**

| | |
|---|---|
| 09/1972 bis 07/1986 | Grundschule und Gymnasium, Bad Tölz<br>Abschluss: Abitur |

8 **Weitere Qualifikationen**

| | |
|---|---|
| Sprachkenntnisse | Italienisch (verhandlungssicher), Englisch (gut), |
| EDV-Kenntnisse | MS Office, SAP R/3 |

9 Hamburg, 10.01.2012

Hans Lehmann

– 2 –

### 6 Orientierungshilfe

Hans Lehmann nennt auf jeder Seite des Lebenslaufs seinen Namen und kennzeichnet die einzelnen Seiten mit der entsprechenden Seitenzahl. Dadurch findet sich ein Personalverantwortlicher leichter zurecht.

**Wie viele Seiten hat Ihr Lebenslauf und wo geben Sie Ihren Namen und die Seitenzahl in welcher Form an?**

### 7 Der Hauptteil (Teil 2)

Den zweiten Hauptteil seines Lebenslaufs strukturiert Hans Lehmann durch die Stationen »Studium«, »Lehrzeit und Gesellenjahr« und »Schulbildung«. Bei der Ausbildung fasst er die dreijährige Lehrzeit und das anschließende Gesellenjahr zusammen. Das ist ein Kunstgriff, um das inhaltliche Gliederungsprinzip nicht zu durchbrechen und um Platz zu sparen.

**Wie benennen Sie die weiteren Stationen im Hauptteil Ihres Lebenslaufs?**

### 8 Der thematische Anhang

Im thematischen Anhang des Lebenslaufs führt Hans Lehmann unter der Zwischenüberschrift »Weitere Qualifikationen« seine EDV- und Sprachkenntnisse auf. Sicherlich hätte Hans Lehman auch seine Fähigkeiten und sein Wissen im Personalrecht oder der Personalabrechnung nennen können. Allerdings hat er diese Details bereits innerhalb der einzelnen beruflichen Stationen ausführlich beschrieben. Aus Platzgründen verzichtet er deshalb an dieser Stelle darauf.

**Welche zusätzlichen Fähigkeiten sind für die von Ihnen angestrebte Stelle wichtig und unter welcher Zwischenüberschrift fassen Sie diese zusammen?**

### 9 Abschluss des Lebenslaufs

Hans Lehmann schließt seinen Lebenslauf formal korrekt mit der Angabe des Ortes, des Datums und seiner Unterschrift (bei Bewerbungen auf dem Postweg) bzw. seinem Namen in getippter Form (bei digitalen Bewerbungen via E-Mail oder Onlineplattform) ab. Damit bestätigt er seine Angaben und signalisiert, dass er dafür geradesteht.

**Wie schließen Sie Ihren Lebenslauf ab?**

1 **Lebenslauf**

Maike Renningsen, Erzieherin
Obere Beeke 25
26130 Oldenburg
Tel.: 0441 223334444

| | |
|---|---|
| Geburtsdatum: | 28.04.1989 |
| Geburtsort: | Bremen |
| Staatsangehörigkeit: | deutsch |
| Familienstand: | ledig, keine Kinder |

**Schule**

| | |
|---|---|
| 09/2000 – 07/2006 | Wilhelm-Olbers-Realschule in Bremen<br>**Mittlere Reife**, Note: 1,9 |

2 **Ausbildung**

| | |
|---|---|
| 09/2006 – 08/2007 | Kindertagesstätte St. Margarete in Bremen<br>Vorbereitungsjahr zur Ausbildung als Erzieherin |
| 3 09/2007 – 08/2009 | Fachschule für Sozialpädagogik in Bremen<br>2-jährige Fachschulausbildung zur Erzieherin |
| 09/2009 – 08/2010 | Städtischer Kindergarten in Delmenhorst<br>Anerkennungsjahr als **staatlich geprüfte Erzieherin** |

**Berufliche Erfahrung**

| | |
|---|---|
| 09/2010 – heute | Städtischer Kindergarten in Delmenhorst<br>(acht Gruppen mit je circa 20 Kindern)<br>**Staatlich geprüfte Erzieherin**<br>– Betreuung, Erziehung, Bildung und Pflege der Kinder<br>– Organisieren von Freizeitaktivitäten<br>– Zusammenarbeit mit Eltern |

4 **Besondere Kenntnisse**
Englisch (gute Grundkenntnisse), MS Office (Word, Excel, PowerPoint)
Großer Erste-Hilfe-Kurs (Malteser, 2006 und 2010)

**Hobbys**
Theater, Handarbeiten, mit Freunden treffen

Oldenburg, 9. Mai 2012

*Maike Renningsen*

## 1 Strukturierung des Lebenslaufs

Maike Renningsen verwendet kein Deckblatt. Deshalb klebt sie ihr Foto rechts neben den persönlichen Angaben auf den Lebenslauf. Da sie am Anfang ihrer beruflichen Laufbahn steht, wählt sie die chronologisch aufsteigende Form als zeitliche Gliederung, beginnend mit der Schulbildung. Das ist sinnvoll, da Schule und Ausbildung noch nicht so lange zurückliegen und sie erst eine Berufsstation durchlaufen hat (vgl. Anschreiben auf S. 52).

**Verwenden Sie ein Deckblatt?**

**Welche zeitliche Gliederung wählen Sie?**

## 2 Der Hauptteil

Maike Renningsen strukturiert den Hauptteil ihres Lebenslaufs durch Zwischenüberschriften, die ihre bisherigen Stationen im Leben abbilden: »Schulbildung«, »Ausbildung« und »Berufliche Erfahrung«. Damit gibt sie einen lückenlosen zeitlichen Überblick ihres bisherigen Lebens.

**Welche Stationen haben Sie bislang durchlaufen und mit welchen Zwischenüberschriften strukturieren Sie Ihren Hauptteil?**

## 3 Die Gestaltung

Maike Renningsen wählt eine einheitliche Schreibweise des Datums (zwei Ziffern für den Monat und vier Ziffern für das Jahr). Außerdem hebt sie ihre Abschlüsse und ihre aktuelle Funktion durch Fettstellung hervor. Die einzelnen Stationen baut sie stringent nach einem durchgängigen Prinzip auf: von wann bis wann – sie in welcher Institution – in welcher Stadt – was gemacht hat. Damit erleichtert sie dem Personalverantwortlichen die schnelle Wahrnehmung der wichtigen Punkte.

**Nach welchem Prinzip bauen Sie die einzelnen Stationen in Ihrem Lebenslauf klar und übersichtlich auf?**

## 4 Der thematische Anhang

Im thematischen Anhang nennt Frau Renningsen weitere für die angestrebte Arbeitsstelle wichtige Informationen über ihre Fähigkeiten und Interessen. Sie strukturiert diese Angaben mit Zwischenüberschriften: »Besondere Kenntnisse« und »Hobbys«. Damit erleichtert sie dem Personalverantwortlichen die Orientierung.

**Welche zusätzlichen Informationen sind für die von Ihnen angestrebte Stelle wichtig?**

1

# Lebenslauf

**Frank Knappe**
Baumstraße 4
80469 München
Tel.: 089 1234567
E-Mail: frank.knappe@net.com

geboren am 07.10.1967 in München
verheiratet, drei Kinder (20, 17, 12)

2 **Berufliche Erfahrung**

| | |
|---|---|
| 04/2002 – heute | Elektroteile Münzer GmbH in München<br>(Automobilzulieferer mit ca. 460 Mitarbeitern)<br>**Gruppenleiter Einkauf und Projekteinkäufer**<br>– Einkaufsvolumen bis 3 Mio. €, Teamleitung<br>– Aufbau, Pflege, Bewertung, Auditierung von Lieferanten<br>– Strategieausrichtung nach Südostasien<br>– Erstellen von Projektrahmenverträgen<br>– Preisverhandlungen, Reklamationsbearbeitung |
| 3 08/1995 – 03/2002 | Maschinenbau AG Mayer in Augsburg<br>(Anlagenbauer mit ca. 300 Mitarbeitern)<br>**Einkäufer**<br>– Einkaufsvolumen bis 2,5 Mio € (ca. 5 Mio. DM)<br>– Beschaffungsmarktanalyse (Elektronikbauteile)<br>– Vergabeverhandlungen und Vertragsausarbeitung |
| 4 04/1992 – 06/1995 | Bauer Steuerungstechnik GmbH in Augsburg<br>(Schaltschrankbauer mit ca. 240 Mitarbeitern)<br>**Junioreinkäufer**<br>– Beschaffungsmarktanalyse (Elektronikbauteile)<br>– Aufbau, Pflege und Bewertung von Lieferanten |
| 09/1987 – 03/1992 | Industrieanlagenbau Huber GmbH in München<br>(Apparatebauer mit ca. 180 Mitarbeitern)<br>**Sachbearbeiter Einkauf**<br>– kaufmännische Sachbearbeitung und Disposition |

– 1 –

## 1 Strukturierung des Lebenslaufs

Frank Knappe ist 44 Jahre alt und bringt fast 25 Jahre Berufserfahrung als Einkäufer mit. Außerdem steht er in einem Arbeitsverhältnis, auch wenn dieses bereits gekündigt ist (vgl. Anschreiben auf S. 50). Hier bietet sich die chronologisch absteigende Form als zeitliche Gliederung, beginnend mit der aktuellen Tätigkeit, an. Damit informiert er den Empfänger sofort über das, was den am meisten interessiert: die Berufserfahrung.

**Welche zeitliche Gliederung wählen Sie – und warum?**

## 2 Der Hauptteil

Frank Knappe strukturiert den Hauptteil seines Lebenslaufs übersichtlich mit den Zwischenüberschriften »Berufliche Erfahrung« (auf der ersten Seite) und »Fortbildung«, »Ausbildung« und »Schule« (auf der zweiten Seite).

**Wie strukturieren Sie den Hauptteil Ihres Lebenslaufs?**

## 3 Leerlaufphasen

Frank Knappe hat einen nahezu lückenlosen Lebenslauf. Dass er im Juli 1995 einige Wochen ohne Anstellung war, spielt bei seinem Werdegang keine Rolle. Deshalb führt er diese kurze Leerlaufphase nicht auf.

## 4 Die Gestaltung

Frank Knappe wählt eine einheitliche Datumsangabe (zwei Ziffern für den Monat und vier Ziffern für das Jahr). Zudem hebt er die einzelnen Funktionen, in denen er bislang gearbeitet hat, durch Fettstellung hervor. Die beruflichen Stationen führt er stringent jeweils nach dem gleichen Prinzip auf: von wann bis wann – er in welchem Unternehmen – in welcher Stadt – in welcher Funktion – welche Tätigkeit ausgeübt hat. Dadurch erleichtert er dem Empfänger die Arbeit ungemein.

**Mit welchen Gestaltungselementen und nach welchem Gestaltungsprinzip bauen Sie Ihren Lebenslauf klar und übersichtlich auf?**

5 **Lebenslauf Frank Knappe**

– Seite 2 –

**Fortbildung**

| | |
|---|---|
| 01/1990 – 02/1992 | Industrie- und Handelskammer, München<br>berufsbegleitende Fortbildung zum Fachkaufmann<br>Einkauf/Materialwirtschaft (IHK)<br>Abschlussnote 2,1 |

6

**Ausbildung**

| | |
|---|---|
| 08/1984 – 07/1987 | Industrieanlagenbau Huber GmbH in München<br>Ausbildung zum Industriekaufmann (IHK)<br>Abschlussnote 2,0 |

**Schule**

| | |
|---|---|
| 09/1978 – 07/1984 | Adalbert-Stifter-Realschule in München<br>Abschlussnote 2,5 (mittlere Reife) |

7 **Sprachen**

Englisch: fließend (weltweiter Einkauf in englischer Sprache)

**EDV-Kenntnisse**

Microsoft Office: Word, Excel, Outlook, PowerPoint

SAP R/3

**Ehrenamt**

Kassenwart im Jugendsportverein

**Hobbys**

Bergwandern und mein Garten

München, 17.01.2012

Frank Knappe

– 2 –

### 5 Orientierungshilfe

Frank Knappe kennzeichnet auch die zweite Seite seines Lebenslaufs mit der Bezeichnung Lebenslauf, seinem Namen und der Seitenzahl. Durch die Namensangabe kann der Personalverantwortliche einzelne Lebenslaufseiten auch dann zuordnen, wenn diese zum Beispiel fälschlicherweise in eine andere Bewerbungsmappe geraten.

**Wo platzieren Sie auf der zweiten Seite Ihres Lebenslaufs Ihren Namen und die Seitenzahl?**

### 6 Noten

Frank Knappe hat sowohl die mittlere Reife als auch seine Ausbildung zum Industriekaufmann und die Fortbildung zum Fachkaufmann Einkauf/Materialwirtschaft mit ordentlichen Noten abgeschlossen. Und Noten sagen etwas über einen Menschen aus. Deshalb nennt er seine Abschlussnoten im Lebenslauf. (Sie sollten nur dann Ihre Abschlussnoten aufführen, wenn diese nicht schlechter als 2,5 sind.)

**Mit welchen Noten haben Sie Schule, Ausbildung/Studium und/oder Fortbildungen abgeschlossen?**

### 7 Der thematische Anhang

Im thematischen Anhang des Lebenslaufs führt Frank Knappe seine Sprach- und EDV-Kenntnisse auf und erwähnt sein Ehrenamt und seine Hobbys. Mit diesen Angaben informiert er den Empfänger über weitere für die Stelle eines Projekteinkäufers wichtige Fähigkeiten (Englisch, MS-Office und SAP R/3), über Eigenschaften (Verantwortungsbewusstsein und Zuverlässigkeit als Kassenwart) und Interessen (Wandern und Garten). Mit diesen zusätzlichen Informationen kann sich Frank Knappe von einer größeren Menge an Bewerbern abheben.

**Mit welchen zusätzlichen Informationen, die für die ausgeschriebene Stelle wichtig sind, können Sie sich von einer größeren Menge an Bewerbern abheben?**

**Mit welchen Zwischenüberschriften können Sie Ihren thematischen Anhang übersichtlich strukturieren?**

1 **Lebenslauf**

Name: Peter Raat
Geburtsdatum, -ort: 27. Februar 1963, Clausthal
Staatsangehörigkeit: deutsch
Familienstand: verheiratet, zwei erwachsene Kinder

---

2 <u>Arbeit im eigenen Handwerksbetrieb:</u>

| | |
|---|---|
| Jul. 1994 bis heute | Selbstständigkeit<br>Aufbau eines eigenen Handwerksbetriebs in Seesen<br>Elektroinstallation, Kundendienst und Inspektion,<br>Aufbau eines zum Betrieb gehörigen Elektro-<br>Fachgeschäfts, Ausbildung von insgesamt vier Lehrlingen |

3 <u>Arbeit als angestellter Geselle:</u>

| | |
|---|---|
| Jan. 1985 – Jun. 1994 | Elektro-Meisterbetrieb Gustav Meisner GmbH in Hannover<br>Elektrotechniker<br>berufsbegleitender Meisterkurs (1991 – 1993)<br>Abschluss: Elektrotechniker-Meister |

<u>Wehrdienst:</u>

| | |
|---|---|
| Sep. 1983 – Dez. 1984 | Wehrdienst in Munster<br>Grundwehrdienst<br>Lkw-Führerschein<br>Wartung der Nachrichtenelektronik |

<u>Ausbildung:</u>

| | |
|---|---|
| Aug. 1980 – Jul. 1983 | Elektro-Meisterbetrieb Gustav Meisner GmbH in Hannover<br>Ausbildung zum Elektrotechniker<br>Abschluss: Elektrotechniker-Geselle |

<u>Schule:</u>

| | |
|---|---|
| Jul. 1970 – Jun. 1980 | Grund- und Realschule, Clausthal-Zellerfeld<br>Abschluss: Mittlere Reife |

4

Seesen, 10.01.2012

*Peter Raat*

---

Peter Raat, Buchenweg 2, 38723 Seesen, Tel.: 05381 44332211,
E-Mail: p.raat@netline.de

### 1 Strukturierung des Lebenslaufs

Peter Raat verwendet kein Deckblatt. Deshalb klebt er sein Foto rechts neben den persönlichen Angaben auf den Lebenslauf. Er ist fast 49 Jahre alt (vgl. Anschreiben auf S. 56) und wählt aufgrund seiner mehr als 25-jährigen Berufserfahrung die chronologisch absteigende Form als zeitliche Gliederung, beginnend mit der aktuellen Situation. In seinem Fall ist das nicht zwingend erforderlich, da er seine Daten auf einer Seite übersichtlich zusammengefasst hat und der Empfänger nicht blättern muss, um Informationen über seine Berufserfahrung zu erhalten.

**Verwenden Sie ein Deckblatt?**

**Welche zeitliche Gliederung wählen Sie?**

### 2 Der Hauptteil

Peter Raats Lebenslauf besteht ausschließlich aus einem Hauptteil, das heißt, aus allen Stationen seines Lebens, jeweils mit Anfangs- und Enddatum. Er strukturiert den Hauptteil durch Zwischenüberschriften und erleichtert dem Personalverantwortlichen damit die Orientierung.

**Welche Station haben Sie in Ihrem Leben bislang durchlaufen und mit welchen Zwischenüberschriften strukturieren Sie Ihren Hauptteil?**

### 3 Die Gestaltung

Peter Raat gestaltet seinen Lebenslauf klar und übersichtlich, indem er die einzelnen Stationen seines Werdegangs durch Unterstreichung hervorhebt und die Schreibweise für das Datum einheitlich wählt (drei Buchstaben für den Monat und vier Ziffern für das Jahr).

**Wie gestalten Sie Ihren Lebenslauf klar und übersichtlich?**

### Informationsgehalt des Lebenslaufs

4 Peter Raat verzichtet auf einen thematischen Anhang. Das hat Vor- und Nachteile. Vorteil: Der Lebenslauf passt auf eine Seite und ist damit sehr übersichtlich. Nachteil: Für die ausgeschriebene Stelle wichtige Informationen wie zum Beispiel EDV-Kenntnisse und/oder besonderes Fachwissen im Bereich der Elektrotechnik tauchen nicht auf.

**Welche Informationen, die für die angestrebte Stelle wichtig sind, können Sie zusätzlich zum Hauptteil aufführen?**

Luan Wang
Turmstraße 30, 60385 Frankfurt am Main, Tel.: 069 12233445, E-Mail: luanwang@net.de

# Lebenslauf

1 Persönliche Daten

2

| | |
|---|---|
| Vorname, Name: | Luan Wang |
| Geburtsdatum: | 23.12.1978 |
| Geburtsort: | Wuhan, VR China |
| Staatsangehörigkeit: | chinesisch<br>Aufenthalts- und Arbeitserlaubnis<br>für Deutschland liegen vor |
| Familienstand: | verheiratet, keine Kinder |

3 Berufserfahrung

4

| | |
|---|---|
| 07/2008 bis heute | Diplom-Volkswirtin Bereich Finanzmanagement<br>China Construction Bank Corporation, Niederlassung Frankfurt<br>(international tätige Bank mit Hauptsitz in Peking)<br>Aufgaben: Customer-Relationship-Management, Ansprechpartnerin für Banken im In- und Ausland, Verwaltung der Cash-Pool-Dokumentation, Unterstützung in den Bereichen Electronic Banking und Treasury-Systeme, Cash-Reporting an das Management, Optimierung von Prozessen, Übernahme von Sonderprojekten im Bereich Cashflow, Dienstreisen nach Peking und Wuhan |

Studium

| | |
|---|---|
| 5 10/2003 – 03/2008 | Studium der Volkswirtschaftslehre<br>Goethe-Universität Frankfurt<br>Schwerpunkt Finanzmanagement und Ökonometrie<br>Praktikum: China Construction Bank Corporation, Wuhan<br>Diplomarbeit: „Informed Trading and Market Efficiency“<br>Abschluss: Diplom-Volkswirtin |
| 06/2003 – 09/2003 | Intensivsprachkurs Deutsch als Fremdsprache<br>Goethe-Universität Frankfurt |

– 1 –

**1 Persönliche Daten**
Luan Wang ist chinesische Staatsbürgerin (vgl. Anschreiben auf S. 58). Da sie sich für eine Stelle in Deutschland bewirbt, ist es unbedingt nötig, anzugeben, dass sie über eine Aufenthalts- und Arbeitserlaubnis für Deutschland verfügt. Andernfalls befürchtet der Personalverantwortliche möglicherweise rechtliche Beschränkungen bei einer potenziellen Einstellung und lädt Luan Wang nicht zu einem Vorstellungsgespräch ein.

**Welche Staatsangehörigkeit haben Sie? Verfügen Sie ggf. über eine Aufenthalts und Arbeitserlaubnis für Deutschland?**

**2 Das Foto**
Luan Wang verwendet kein Deckblatt, sondern klebt ihr Foto rechts neben den Angaben zur Person auf die erste Seite ihres Lebenslaufs.

**Verwenden Sie ein Deckblatt?**

**3 Strukturierung des Lebenslaufs**
Luan Wang wählt die chronologisch absteigende Form als zeitliche Gliederung, beginnend mit der aktuellen Situation. Denn Luan Wang will zeigen, dass sie die letzten neun Jahre in Deutschland gelebt, studiert und gearbeitet hat.

**Welche zeitliche Gliederung wählen Sie?**

**4 Der Hauptteil**
Den Hauptteil ihres Lebenslaufs unterteilt Luan Wang auf der ersten Seite in »Berufserfahrung« und »Studium« (in Deutschland) und auf der zweiten Seite in »Studium in China« und »Schule in China«. Dadurch ist ihr Lebenslauf sehr übersichtlich.

**Wie gliedern Sie den Hauptteil Ihres Lebenslaufs?**

**5 Die Gestaltung**
Luan Wang wählt eine einheitliche Form für die Schreibweise des Datums (zwei Ziffern für den Monat und vier Ziffern für das Jahr) sowie eine einheitliche Hervorhebung der Zwischenüberschriften (größere Schrift mit Unterstreichung). Dadurch erleichtert sie dem Personalverantwortlichen eine schnelle Informationsverarbeitung.

**Wie gestalten Sie Ihren Lebenslauf klar und übersichtlich?**

6

Lebenslauf Luan Wang
- Seite 2 -

## Studium in China

| | |
|---|---|
| 07/2002 – 05/2003 | Intensivsprachkurs Deutsch als Fremdsprache<br>Universität Wuhan, China; Institut für Germanistik |
| 09/1998 – 06/2002 | Studium der Finanzwirtschaft<br>Universität Wuhan, China<br>Abschluss: Bachelor of Arts of Finance |

## Schule in China

| | |
|---|---|
| 09/1995 – 07/1998 | Nr. 11 Oberschule in Wuhan, China<br>Abschluss: Abitur |

## Besondere Kenntnisse

| | | |
|---|---|---|
| 7 | Sprachen | Deutsch verhandlungssicher in Wort und Schrift<br>Englisch verhandlungssicher in Wort und Schrift<br>Chinesisch Muttersprache |
| 8 | EDV | MS Office (Word, Excel, PowerPoint, Outlook)<br>Eviews, TSP (Ökonometrie-Software)<br>Stata, Matlab, SAS (Statistik- und Datenanalyse-Software) |
| 9 | Mitgliedschaften | Chinesische Handelskammer Frankfurt (seit 04/2008) |

Frankfurt am Main, 24.04.2012

*Luan Wang*

– 2 –

### 6 Orientierungshilfe

Luan Wang kennzeichnet die zweite Seite ihres Lebenslaufs mit der Bezeichnung Lebenslauf, ihrem Namen und der Seitenzahl. Für den Personalverantwortlichen ist das eine Arbeitserleichterung, die er zu schätzen weiß.

**Wo platzieren Sie auf der zweiten Seite Ihres Lebenslaufs Ihren Namen und die Seitenzahl?**

### 7 Sprachkenntnisse

Luan Wang bewirbt sich in Deutschland und führt deshalb an erster Stelle ihre Kenntnisse der deutschen Sprache auf. Da die Geschäftssprache in der Finanz- und Bankenbranche Englisch ist, nennt Luan Wang an zweiter Stelle Englisch und erst an dritter Stelle ihre Muttersprache Chinesisch. Außerdem gibt sie eine Bewertung ab, wie gut sie die jeweilige Sprache in Wort und Schrift beherrscht.

**Wie gut beherrschen Sie die deutsche Sprache und welche weiteren Sprachen sprechen Sie wie gut?**

### 8 EDV-Kenntnisse

Hier führt Luan Wang neben ihren MS-Office-Kenntnissen weitere, bankspezifische Software auf. Da es sich dabei um spezielle Programme handelt, die nicht jeder kennen dürfte, kommentiert sie in Klammern, um was für eine Software es sich jeweils handelt.

**Welche EDV-Kenntnisse bringen Sie mit und welche Programme sind ggf. erklärungsbedürftig?**

### 9 Mitgliedschaften

Luan Wang ist Mitglied der Chinesischen Handelskammer Frankfurt. Das ist eine interessante Information für einen potenziellen Arbeitgeber und deshalb unbedingt anzugeben. Mitgliedschaften in berufsbezogenen Kammern, Verbänden und/oder Vereinen zeigen Interesse und Engagement eines Bewerbers. Das schätzen Personalverantwortliche sehr.

**In welchen berufsbezogenen Vereinen, Verbänden und/oder Kammern sind Sie Mitglied?**

## Die Grundlagen

Zuoberst auf der Bewerbung – außerhalb der Bewerbungsmappe – liegt das Anschreiben. Alle anderen Unterlagen sind bei Postbewerbungen sauber in der Mappe eingeheftet. Bei digitalen Bewerbungen beginnt Ihre PDF-Datei ebenfalls mit dem Anschreiben, gefolgt von Ihrem Deckblatt (optional), dem Lebenslauf und allen Nachweisen.
Damit ist Ihre Bewerbungsmappe nach allen Regeln der Kunst fertig und kann abgeschickt bzw. abgeklickt werden. Aber was dann?

**Nachhaken im Bewerbungsprozess**
Jetzt beginnt das Warten. Doch es ist nicht immer klug, untätig auf Antwort zu warten. Kennen Sie eine der folgenden Situationen?

- Fall 1: Sie haben sich auf eine vielversprechende Stelle beworben, bei der Sie sich gute Chancen ausrechnen. Aber bis jetzt haben sie keine Antwort (noch nicht einmal einen Zwischenbescheid, dass Ihre Bewerbung eingegangen ist) auf Ihre Bewerbung bekommen.
- Fall 2: Der Zwischenbescheid ist schon so lange her, dass Sie sich fragen, was aus Ihren Unterlagen geworden ist.
- Fall 3: Sie haben eine Initiativbewerbung verschickt und wissen nicht, was daraus geworden ist.
- Fall 4: Das Vorstellungsgespräch ist gut verlaufen, aber Sie haben ernst zu nehmende Konkurrenz. Jetzt möchten Sie gern nachhelfen, damit die Entscheidung auf Sie fällt.

Wenn Sie in einer der vier oben genannten Situationen stecken, kann es lohnend sein, nachzuhaken, wie es um Ihre Bewerbung steht.
Das geht am besten, schnellsten und unmittelbarsten – sofern Sie es sich zutrauen – am Telefon. Andernfalls können Sie auch – sofern Sie über eine entsprechende E-Mail-Adresse verfügen bzw. dieselbe herausfinden können – eine E-Mail schreiben. Von einem Nachfassbrief per Post ist im Zeitalter der schnellen Kommunikation abzuraten. Zudem ist ein Brief für den Anlass des Nachhakens übertrieben, denn Sie verfolgen in aller Regel lediglich zwei Ziele damit:

- Sie wollen erfahren, wie der Stand der Stellenbesetzung ist und ob Sie noch im Rennen sind.
- Sie wollen Initiative und damit Ihr Interesse an der Stelle zeigen und sich und Ihre Bewerbung damit in Erinnerung bringen.

**Der richtige Zeitpunkt zum Nachhaken**
Haken Sie zu früh nach, verärgern Sie damit unter Umständen den Empfänger. Das gilt vor allem, wenn dieser noch mitten in der Vorauswahl steckt. Umgekehrt dürfen sie aber nicht den Zeitpunkt verpassen, an dem die Vorauswahl (Einladung zum Vorstellungsgespräch) oder die endgültige Auswahl (nach dem Vorstellungsgespräch) getroffen wird.
Die folgende Tabelle zeigt Ihnen, mit welchen Lauf- und Prüfzeiten (= Wartezeiten für den Bewerber) Sie normalerweise rechnen müssen: Solange Sie sich innerhalb der genannten Fristen bewegen, sollten Sie nicht nachhaken. Erst wenn die Frist verstreicht, ohne dass Sie etwas vom Empfänger Ihrer Bewerbung hören, kann sich das Nachhaken lohnen.

**An welchem Punkt stehen Sie in Ihrem Bewerbungsprozess?**

| Übersicht: normale Lauf- und Prüfzeiten einer Bewerbung | |
|---|---|
| **Nachricht des Arbeitgebers** | **Lauf- und Prüfzeiten (d.h. Wartezeiten)** |
| Stellenausschreibung | Dauer der Bewerbungsfrist: zwei Wochen (wenn nicht anders angegeben) |
| Zwischenbescheid (Eingangsbestätigung) | ein bis drei Wochen nach Eingang der Bewerbung |
| Einladung zum Vorstellungsgespräch | drei bis sechs Wochen nach dem Zwischenbescheid |
| Zusagen (schriftlich oder mündlich) | spätestens ein bis zwei Wochen nach dem Vorstellungsgespräch (häufig zügiger) |
| Absagen | später als Zusagen, meist einige Wochen (drei bis vier Wochen) nach dem Vorstellungsgespräch |
| Alternative: Einladung zum Zweitgespräch | spätestens zwei Wochen nach dem ersten Vorstellungsgespräch |
| Zusagen (schriftlich oder mündlich) | spätestens zwei Wochen nach dem zweiten Vorstellungsgespräch (häufig zügiger) |
| Absagen | später als Zusagen, meist einige Wochen (drei bis vier Wochen) nach dem zweiten Vorstellungsgespräch |

**Der richtige Ton beim Nachhaken**
Achtung: Vermeiden Sie alles, was nach Vorwurf klingt, auch wenn Sie lange gewartet haben und vielleicht sogar ärgerlich sind, dass Sie noch keine Antwort auf Ihre Bewerbung haben!

- Fall 1: Sie haben noch nicht einmal einen Zwischenbescheid (Eingangsbestätigung) erhalten.
  Rufen Sie an. Melden Sie sich mit Namen und informieren Sie Ihren Telefongesprächspartner darüber, dass Sie sich am »Soundsovielten« auf die »Stellenanzeige XY« beworben haben. Dann formulieren Sie freundlich, dass Sie bislang noch keine Eingangsbestätigung erhalten haben und sich erkundigen möchten, ob Ihre Bewerbung eingegangen ist.
- Fall 2: Der Zwischenbescheid ist schon lange her.
  Rufen Sie an oder schreiben Sie eine E-Mail. Informieren Sie wieder darüber, dass Sie sich am »Soundsovielten« auf die »Stellenanzeige XY« beworben haben. Erwähnen Sie den Zwischenbescheid (mit Datum) und formulieren Sie dann freundlich, dass Sie sich über den aktuellen Stand der Stellenbesetzung informieren möchten.
- Fall 3: Sie haben eine Initiativbewerbung verschickt und nach drei bis sechs Wochen immer noch keine Antwort erhalten.
  Rufen Sie an. Melden Sie sich mit Namen und informieren Sie darüber, dass Sie sich initiativ beworben haben (mit Datum). Fragen Sie nach, ob Ihre Initiativbewerbung eingegangen ist und ob es potenzielle Einsatzmöglichkeiten für einen Mitarbeiter mit Ihren Qualifikationen gibt.
- Fall 4: Sie haben das Vorstellungsgespräch gerade hinter sich.
  Schreiben Sie eine E-Mail, in der Sie noch einmal betonen, dass Sie die Stelle gern annehmen möchten. Dadurch erhöhen Sie Ihre Chancen deutlich. Denn am Schluss der Bewerberauswahl sind oft noch zwei oder drei gleichermaßen geeignete Kandidaten übrig. Ein Personalverantwortlicher sucht dann nach Argumenten, die den Ausschlag geben. Ihre Nachfass-E-Mail kann ihn in der Annahme bestärken, dass Sie der richtige Kandidat sind.

Wir wünschen Ihnen für Ihre Bewerbung viel Erfolg!

**Benutzerhinweis für die CD-ROM**

1. Legen Sie die CD-ROM in das Laufwerk Ihres Computers ein.
2. Öffnen Sie die »Vorlagen für das Anschreiben« und die »Vorlagen für den Lebenslauf«, die auf der CD-ROM als Textdokumente und als PDF-Dateien enthalten sind, über den Dateimanager.
   Die Installation eines Programms ist nicht erforderlich.